潍县萝卜

生产实用技术

主 编

韩太利

编著者

韩太利 杨晓东 张 琳

金盾出版社

内容提要

　　本书内容包括:概述,潍县萝卜栽培的生物学基础,潍县萝卜露地栽培、早春拱棚栽培、大棚秋延后栽培、冬暖棚栽培、无公害栽培、出口安全生产、有机栽培、病虫害防治、制种、贮藏、食用与加工等技术。全书紧密结合生产实际,介绍了潍县萝卜生产的各项关键技术,内容全面系统,技术科学实用,文字通俗易懂,适合广大菜农和基层农业技术推广人员学习使用。

图书在版编目(CIP)数据

　　潍县萝卜生产实用技术/韩太利主编 . — 北京 : 金盾出版社,2013.8
　　ISBN 978-7-5082-8380-7

　　Ⅰ.①潍… Ⅱ.①韩… Ⅲ.①萝卜—蔬菜园艺 Ⅳ.①S631.1

　　中国版本图书馆 CIP 数据核字(2013)第 094811 号

金盾出版社出版、总发行
北京太平路 5 号(地铁万寿路站往南)
邮政编码:100036 电话:68214039 83219215
传真:68276683 网址:www.jdcbs.cn
封面印刷:北京凌奇印刷有限责任公司
正文印刷:北京军迪印刷有限责任公司
装订:海波装订厂
各地新华书店经销
开本:850×1168 1/32 印张:4.75 字数:112 千字
2013 年 8 月第 1 版第 1 次印刷
印数:1~9 000 册 定价:10.00 元

潍县萝卜因原产于山东省潍县而得名，是山东省名特产蔬菜之一，具有肉质根出土部分多、尾根小、皮色深绿、肉色翠绿、脆甜多汁、稍具香辣味、耐贮藏等优点。潍县萝卜含有丰富的碳水化合物和多种维生素，既可生食、熟食、加工，还有良好的药用保健价值，为驰名中外的水果萝卜珍品，素有"水果萝卜王"之称，深受人们喜爱。近年来潍县萝卜种植面积越来越大，产品远销我国北京、上海、广州、南京等大都市和日本、俄罗斯、新加坡等国家，已成为潍坊市的支柱产业。但是，在长期的生产过程中，由于品种混杂、种性退化、栽培不规范等人为因素影响，加之大气、土壤、水源等环境因素污染，导致潍县萝卜产品质量下降，失去原有风味，无公害程度较低，声誉有所降低，制约了潍县萝卜产业的进一步发展。提纯潍县萝卜种源、完善无公害栽培技术规程、建立标准化生产基地、恢复潍县萝卜知名品牌已成为当务之急。为此，笔者根据多年来对潍县萝卜的种植试验研究和栽培技术指导实践，并结合广大种植者的成功经验，编写了《潍县萝卜生产实用技术》一书。全书内容包括：潍县萝卜的栽培历史与现状、营养价值与发展前景，潍县萝卜栽培的生物学基础，潍县萝卜露地栽培、早春拱棚栽培、大棚秋延后栽培、冬暖棚栽培、无公害栽培、出口安全生产、有机栽培、病虫害防治、采种、贮藏、食用与加工等技术。本书紧密结合生产实际，介绍了潍县萝卜生产的各项关键技术，内容全面系统，技术科学实用，文字通俗易懂，适合广大菜农和基层农业技术推广人员学习使用。

　　本书在编写过程中引用了一些同行专家的研究成果和技术资料，得到了山东省农业科学院何启伟研究员和潍坊市农业科学院刘光文、冯乐荣等老师们的大力支持和指导，徐立功、宋银行、谭金霞、陈霞、韩凤浩等同事也为此书的编写做了大量的工作，在此表示衷心感谢！

　　由于笔者水平有限，书中如有错误和不当之处，敬请各位同行专家和广大读者批评指正。

编 著 者

目　　录

第一章 概 述

一、潍县萝卜的栽培历史与现状

(一) 潍县萝卜的栽培历史

萝卜属于十字花科,萝卜属,2 年生草本植物,以肥大的肉质根为产品。萝卜在世界各地均有栽培,通常把我国栽培的萝卜称为中国萝卜。

萝卜在我国历史上又名为莱菔、芦菔、雹葖、温菘、土酥,是园艺史上重要的大众蔬菜。萝卜的驯化栽培始于何时在史籍中尚无确切记载。公元前 745 年《诗经》中记载的"菲",大概是野生的萝卜类根菜。北魏《齐民要术》(公元 533—544 年)记载有"种莱菔,与芜菁同……秋中卖银 10 亩得钱一方"。唐朝以后,萝卜以其口感、质地、栽培特性及良好的药用价值在北方广为栽培,并被普遍称为萝卜。到了宋代,我国南北各地均有栽培,并且出现了不少优良品种,如南宋时浙江吴兴所产的萝卜因其品质佳而成为贡品,长江流域萝卜也有大面积的商品性栽培。明清时期,萝卜因其口感好、栽培容易等特点而与白菜一起成为主要栽培蔬菜,浙江、山东等地均有特别优良的栽培品种。这些品种适应了不同地区的口味要求和不同季节的供应需要,例如明朝初期即培育成了暮春即可采收的扬花萝卜,到明代后期,一年中几乎随时都有可供采收的萝卜。萝卜的重要性自明清以来便上升到芜菁之上,此期的农书如《便民图纂》(公元14—15世纪)、《三农记》(1760年)等都记载有白菜和萝卜。总之,萝卜从有栽培记载以来,作为蔬菜作物栽培的地位在不断上升,明清时期开始成为主要的大众蔬菜之一。

潍县萝卜是中国萝卜秋冬类型中的优良品种,俗名"潍县青"或"高脚青",因原产于山东省潍县(今潍坊市潍城区),故称"潍县萝卜",但以潍城区北宫、东夏庄地带所产者为最佳,故又称北宫萝卜,潍坊市潍城区北宫地属北关,又称北关萝卜。是山东省名特产蔬菜之一。

对于潍县萝卜的栽培历史尚无确切考证。清代乾隆25年(距今300多年)所修的《潍县志》中,已有栽培潍县萝卜的记载。另据《郑板桥轶事》一书记述,清代乾隆年间,郑板桥在潍县任知县时,曾在"劝圃"一文中写有"潍县萝卜名天下"的字句,并在给京都钦差大臣的礼单上题诗曰"东北人参凤阳梨,难及潍县萝卜皮。今日厚礼送钦差,能驱魔道兼顺气"。可见在当年,潍县萝卜已颇有名气,其栽培始期应更为久远。

潍县萝卜产区原分布在旧潍县城周围,位于白浪河及虞河两岸,尤以原潍城北关外北宫附近所产的潍县萝卜品质最佳。该产区为冲积平原,地势平坦,土壤肥力较高,地下水丰富;轻黏壤土,保水保肥,土壤及水中可溶性钾含量较高。所处区域四季分明,气候温和,光照充足,降雨适中。正是在这样的地理、土壤、气候条件下,潍县劳动人民根据长期栽培实践和喜食萝卜的习惯,选择了潍县萝卜定型品种及相应的栽培技术措施,创造了这一地方名特产蔬菜。

（二）潍县萝卜的栽培现状

潍县人民根据栽培和食用的需要，把潍县萝卜分成了大缨、小缨、二大缨 3 个特征基本相似的品系。叶片均属花叶型，每片叶有裂叶 8～10 对，叶色深绿。肉质根均呈圆柱形，地上部占全长的 3/4，为青绿色，地下部占 1/4，为白色。大缨潍县萝卜生长势较强，肉质白绿色，质松味淡，辣味轻，宜做熟食和腌渍；小缨潍县萝卜生长势较弱，皮色深绿，皮薄质脆，味清香稍带辣味，品质佳；二大缨潍县萝卜特征介于大缨和小缨之间，肉质紧密、翠绿、脆甜清香、多汁。其中二大缨和小缨为潍坊地区主栽品种类型。因此，潍县萝卜的品质、口感堪比水果，远销我国港澳特区、东南亚诸国及国内各主要大城市，在国内外享有盛誉。

新中国成立后，潍县萝卜的生产受到了各级政府的重视，每年都安排 200～300 公顷潍县萝卜商品菜面积，并在肥料、农药等物资供应上给菜农以支持。20 世纪 60 年代，潍县萝卜开始销往我国港澳特区和新加坡等东南亚国家。自 1975 年以来，美国、日本、波兰、荷兰等国家的专家先后到潍县萝卜产地进行学术考察，日本东京农业大学的杉杉直易教授称其为"维他命萝卜"。近年来，随着城市人民对潍县萝卜需求量的不断增加，潍县萝卜的栽培面积迅速扩大，并逐渐形成了新的产区。除潍坊市的潍城区、寒亭区、安丘市、寿光市等地区大面积种植外，高密、坊子、昌乐、昌邑、青州、临朐等县、市也普遍栽培，形成了以潍县萝卜核心产区带动集中产区的模式，每年的种植面积达 7 000 公顷以上。

目前，潍县萝卜不仅在潍坊市各县（市、区）大面积栽培，在山东省的烟台、青岛、济南、临沂等地（市）都有种植，而且在全国许多适宜种植萝卜的地区均有种植，如江苏、福建、浙江、上海、甘肃、山西、河南及东北三省等省（市）均已引进种植。

二、潍县萝卜的营养价值与发展前景

（一）潍县萝卜的食用价值

潍县萝卜既可作蔬菜也可作水果，既可生食、熟食、加工，还可药用。据统计，潍县萝卜可与其他食用植物配成近100多种菜肴、60多种小菜，还可配制120多种疾病的医疗药方。为潍坊当地秋、冬、春三季主要蔬菜之一。

潍县萝卜是潍坊的地方名优特产，素以"潍县萝卜"而名扬国内外。早在清朝盛期，郑板桥在潍县任县令时，就有用潍县萝卜进京送礼，进贡朝廷的传说。新中国成立初期，毛泽东主席曾经带潍县萝卜出访苏联为斯大林祝寿。可见潍县萝卜早已作为礼品水果而闻名天下。

潍县萝卜作为水果萝卜中的精品，具有其他萝卜的所有保健功效。萝卜对人体健康的作用，几千年来在中国民间盛传的美誉较多，如"十月萝卜赛人参"，"萝卜上场，大夫还乡"，"冬吃萝卜夏吃姜，不用医生开药方"等。这些俗话是人们在生活实践中总结出来的，并在现代研究中进一步得到证实。

（二）潍县萝卜的营养价值与保健作用

根据现代营养学分析表明，潍县萝卜含有大量的葡萄糖、果糖、蔗糖、多种氨基酸、维生素和矿物质，特别是维生素C的含量比一般蔬菜高得多，是梨、橘子、苹果、桃的6～10倍，而且核黄素、钙、磷、铁的含量也比上述水果多，还含有增智、抗癌的微量元素锌、锰、硒等。此外，潍县萝卜中还含有丰富的氢化黏液素、葫巴碱、莱菔脑、淀粉酶、氧化酶、芥子油、胆碱、腺素、苷酶等多种特殊成分(表1-1),不但能调节人体的营养平衡,满足人体的营养需求,而且具有抗癌、美容和药用保健功能。

表1-1 潍县萝卜肉质根主要营养成分含量 (每100克鲜物质)

品 种	水分(克)	胡萝卜素(毫克)	核黄素(毫克)	维生素C(毫克)	碳水化合物(克)	矿物质(克)	钙(毫克)	磷(毫克)	铁(毫克)
潍县萝卜	92	0.32	0.03	25	3.5	0.6	58	27	0.4

《本草纲目》中称"萝卜乃蔬中之最有益者"。这是因为它具有消食、顺气、醒酒、化痰、治喘、止咳、利五脏、散淤血、补虚的作用。古人云:"芦菔汁既能清燥火之闭郁,亦开痰食之停留,用得其宜,取效甚捷,其功益懋",所谓:"岁,莫忘萝卜,通身行"。意思是人在一年中,萝卜是绝不可少的,食者周身舒展,祛病安康。据临床报道,用经过消毒的萝卜汁灌肠,可以治疗多种胃肠疾病,对于消化不良性腹泻、溃疡型结肠炎、过敏性结肠炎、结肠手术后腹泻、不全性肠梗阻及结肠癌脓血等均有显著疗效;生萝卜汁滴鼻能治偏头痛;将潍县萝卜洗净切丝,挤去汁液,加入白糖,每天清晨一小碟,能起到抑除烟瘾的作用,帮助吸烟者戒烟。民间偏方还有用萝卜捣汁外敷,可治烫伤、冻伤、疖肿等;若与山楂、神曲、陈皮等同用,可治食积气滞所致腹胀满、腹痛等;若用鲜萝卜汁对冰糖水饮服,对百日咳有辅助疗效;潍县萝卜还能降低体内胆固醇和血脂的浓度,对高血压、冠心病和动脉硬化的预防也有一定疗效。

有句谚语叫"晚吃萝卜早吃姜,不劳医生开药方",此话颇有道理。晚上吃潍县萝卜,能消除饱胀、减轻胃的负担,使人睡得踏实。生姜性辛、微温、驱散寒邪,防止伤风咳嗽,早上吃几片生姜,可起到温中健胃、发汗、清热解毒的作用。而萝卜与生姜加在一起吃,能收到意想不到的效果。相传楚汉相争时,汉高祖刘邦得了瘟疫,当地百姓用民间药方——生姜煮萝卜汤,刘邦喝后,病情大减,再喝则药到病除。

潍县萝卜中所含萝卜素,可促进血红素增加,提高血液浓度。潍县萝卜含芥子油和粗纤维,可促进胃肠蠕动,推动大便排出。医务人员发现,常吃潍县萝卜可降低血脂、软化血管、稳定血压,预防冠心病、动脉硬化、胆石症等疾病。此外,因潍县萝卜含有大量的维生素 A 和维生素 C,用萝卜做面膜,可使粗糙的皮肤去皱而柔嫩,变得容光焕发。有关人士指出,潍县萝卜还能促进脂肪类物质更有效地进行新陈代谢,是减肥蔬菜之一。

(三)潍县萝卜的发展前景

潍县萝卜生产周期短,种植方法简便易学,生产成本较低,而且耐贮运,产量高,风险小。所以,种植潍县萝卜经济效益较高,被誉为保丰产、稳收入的作物。在肥水条件较好、栽培管理技术较高的地区,潍县萝卜每 667 米^2 产量可达 3 000～4 000 千克,以平均产量 3 000 千克、按近年最低市场价 2 元/千克计算,每 667 米^2 产值至少 6 000 元,其投入与产出比达 1∶6～8。近年来潍坊的经销商、专营店根据市场的需求,制作了精美的包装,使潍县萝卜成为走亲访友的实惠礼品,既方便了贮运,又提高了商品价值。据了解,每年春节前后 1 个 500 克左右的潍县萝卜能买到 5～8 元,精包装 1 箱装 10 个卖出 60～100 元的好价钱。潍县萝卜的生产带动了潍坊当地农用物资市场的发展,潍县萝卜生产与加工吸收了大量的农村剩余劳动力。潍县萝卜产业带来的经济收入,为工业发展提供了资金保证,极大地促进了市属企业、乡镇企业、私营企业、个体工商业的发展。

潍县萝卜有很高的营养价值和保健作用,其肉质翠绿,晶莹剔透,生食脆甜多汁,素有"水果萝卜王"之称。因其具有稳定的生产基地、特有的品种特性、优良的产品品质和能形成大宗商品物流等特点,而在国内外市场上享有较高的声誉,同"烟台苹果"、"莱阳梨"一样,成为山东名优果蔬中的佼佼者。

潍县萝卜在潍坊市的蔬菜产业中占有较大的比重,特别是近年来,随着人们生活水平的提高,对潍县萝卜的需求量不断增加,潍县萝卜的种植面积在迅速扩大,建立了新的产区,扩大了生产基地,价格也在逐年稳步上升,在农村种植业结构中占据越来越重要的位置。由于潍县萝卜生产周期短,生产技术简便易学,投资回收快,效益好,出口潜力大,是发展高效农业、增加农民收入的理想种植项目,在潍坊市农业市场经济中具有广阔的发展前景。同时对进一步扩大中国地方名优特产蔬菜商品的市场份额,发挥中国园艺产品在国际农产品贸易中的市场竞争优势,必将起到重要的作用。

三、潍县萝卜的品种资源及研究

(一)国内外研究概况

早在 20 世纪 80 年代初,当时的潍坊市农科所蔬菜研究室主任刘光文研究员与山东省农业科学院蔬菜研究所何启伟研究员就联合开展了对潍县萝卜的研究,先后研究了潍县萝卜的组织结构、形态结构,对潍县萝卜的叶片、叶柄结构,肉质根复合器官结构(三生结构),肉质根的加长和加粗生长等进行了系统的试验和研究,积累了大量的实验数据,整理了比较完善的资料,为开展潍县萝卜研究奠定了基础。

20 世纪 80 年代末,潍坊市农科所刘光文、杨长华、冯乐荣等专家针对潍县萝卜在生产中存在的产量低、品质差问题,开展了潍县萝卜优良品质及优质形成的生理特性研究,实验研究了潍县萝卜肉质根内氮、磷、钾含量变化动态,确定了潍县萝卜营养生长期内各阶段吸收氮、磷、钾的比例情况,为当时潍县萝卜的生产做出了重大贡献。

近年来,李向东、刘金亮等用生物学、血清学和分子生物学等技术证据证明,引起潍县萝卜红心病的病原为芜菁花叶病毒(Turnip mosaic virus,TuMV)。该病毒可由蚜虫传播,在红心病组织内形成风轮状和片层凝集状内含体,与日本的 H1J、KYD81J、意大利的 ITA7 同属一组。

刘金亮、于晓庆等从表现红心病的潍县萝卜块根上得到一芜菁花叶病毒分离物(TuMV-Ra),通过 RT-PCR 获得了该分离物的外壳蛋白(CP)基因,并对其进行了序列测定,然后将其核苷酸序列及推导出的氨基酸序列与 GenBank 中登录的其他 20 个 TuMV 萝卜分离物的相应序列进行比较和分析。结果表明,病毒发生了比较大的变异,而且变异的位点主要在 CP 的 N 末端。Western blotting 分析证明 TuMV-RaCP 在大肠杆菌中得到了正确表达。

刘春香、阚世红等对不同来源的 42 份潍县萝卜肉质根进行叶绿素和可溶性固形物含量的测定表明,潍县萝卜肉质根木质部叶绿素 a 含量和叶绿素 b 含量呈极显著正相关,而韧皮部中两者却无相关性。韧皮部叶绿素 a 和总叶绿素含量都与木质部叶绿素 a、叶绿素 b 及总叶绿素含量呈极显著正相关,在无损检测时可以通过韧皮部的色素信息粗略估计肉色的深浅。韧皮部总叶绿素含量及叶绿素 b 含量与木质部可溶性固形物含量呈显著正相关,即皮色深绿的萝卜一般甜度较高。

余汉清报道,日本北海道的萝卜主要销往日本各大城市和出口韩国和我国台湾、香港。在萝卜的种植、加工、销售方面,经过多年的发展演变,形成了规模生产、集中加工、集中销售的模式。借鉴国内外先进的生产模式,我们对萝卜的贮藏加工开展了研究,探索成功了恒温库贮藏潍县萝卜的温度、湿度和最长保存 7 个月的保鲜记录,使潍县萝卜实现了多季节栽培,周年供应。潍县萝卜经过脱水加工制成的潍县萝卜脆,一盒 100 克卖到 20 元,该产品的特点是既保留了潍县萝卜的全部营养成分,吃起来又香脆可口,深受市场欢迎,有的还作为礼品送到了国外。用虾油腌制的潍县萝卜咸菜也是深受欢迎的潍坊名吃。

(二)潍县萝卜的品种资源

潍县萝卜是中国萝卜秋冬类型中的优良品种,潍坊劳动人民根据栽培和食用的需要,选育出了潍县萝卜的配套品种:大缨、小缨、二大缨、紫花等品系。这些品种的共同特点是:羽状裂叶,叶色深绿,叶面光亮;肉质根长圆柱形,根形指数(根长/根横径)4~5;肉质根出土部分多,表皮绿色至深绿色,肉质淡绿色至翠绿色;食用以生食为主,也可菜用或腌渍。

1. 大缨潍县萝卜 叶丛较开张,植株生长势强。羽状裂叶,叶色深绿,裂叶大而厚;收获时一般保留 13~14 片叶,最大叶平均长 50.6 厘米、宽 18.4 厘米。肉质根长圆形,长 30 厘米左右,径粗 8 厘米左右,根形指数 3.75。肉质根出土部分占 4/5,皮绿色,表面光滑;入土部分皮白色。肉质淡绿色,质松脆,微甜,辣味小,适于熟食菜用,也可生食。生长期 90~100 天,单株肉质根重 1 000 克左右,根叶比 3.5 左右,一般每 667 米² 产量 5 000 千克以上。抗病性强,较耐贮藏。因目前熟食菜用比例下降,该品种只有少量栽培。

2. 小缨潍县萝卜 叶丛半直立,植株生长势较弱。羽状裂叶,裂叶边缘缺刻多而深,叶色深绿,裂叶较小而薄;收获时一般保留 8~9 片叶,最大叶平均长 40 厘米、宽 12 厘米。肉质根长圆柱形,长 25 厘米左右,径粗 5 厘米左右,根形指数 5。肉质根出土部分占 3/4,皮较薄,外披一层白锈,呈灰绿色;入土部分皮白色,尾根很细。肉质翠绿色,质地紧实,生食脆甜、多汁,辣味稍浓;耐贮藏,经过冬季一段时间的贮藏,风味更佳。生长期 70~80 天,单株肉质根重 400 克左右,根叶比 4 左右,一般每 667 米² 产量为 3 000~3 500 千克。小樱潍县萝卜的特点是品质好、耐贮藏,但产量较低,抗病性一般,目前有一定栽培面积。

3. 二大缨潍县萝卜 系大缨与小缨潍县萝卜自然杂交后选育而成的中间类型。叶丛半直立,植株生长势中等。羽状裂叶,叶片形似大樱,叶色深绿,裂叶大小和厚薄中等;收获时一般有 10~12 片叶,最大叶平均叶长 45 厘米、宽 15.6 厘米。肉质根长圆柱形,长 28 厘米左右,径粗 6 厘米左右,根形指数 4.6。肉质根出土部分占 4/5,皮深绿色,表面着生一层不规则的白锈;入土部分皮白色。肉质致密,翠绿色,生食脆甜、多汁,味稍辣,主要用作生食。生长期 75~85 天,单株肉质根重 500~600 克,根叶比 3.5 左右,一般每 667 米² 产量达 3 500~4 000 千克。该品种表现抗病、丰产、品质好,是潍县萝卜中的主栽品种。

(三)潍县萝卜种质资源的研究和利用

潍县萝卜作为地方名牌蔬菜,以其特有的生物学性状、优良的品质和潜在的增产能力,成为萝卜育种史上十分有价值的原始材料。山东省农业科学院蔬菜研究所先后育成的济杂二号、济杂三号、鲁萝卜一号、鲁萝卜二号、鲁萝卜四号等萝卜新品种,其亲本中都有一个是来自潍县萝卜的自交系。潍坊市农业科学院蔬菜研究所育成的青大长、潍萝卜 1 号和潍萝卜 3 号,其共用的一个自交不亲和系亲本中就含有大缨潍县萝卜的基因。在利用萝卜杂交优势培育新品种的工作中,以潍县萝卜为主要试验材料,开展部分性状遗传力、配合力及筛选鉴定方法的研究,对进一步开发利用潍县萝卜这一地方资源、丰富现有青萝卜品种具有积极意义。

山东省潍坊市农业科学院从 20 世纪 80 年代初开始进行潍县萝卜的提纯复壮和优质丰产栽培技术研究,保存了原潍县萝卜的 3 个品系。经连续多年的提纯复壮,种性大大提高,选出了一批优良的新品系,如耐抽薹型、耐糠心型、紫花型、细长型、粗短型和多套不育系材料应用于生产。2000 年 2 月,为了更好地开发潍县萝卜这一名牌产品,加强"菜篮子工程"建设,潍坊市蔬菜协会成立了"潍县萝卜工作委员会",2006 年成功申请了国家地理标志保护产品,寒亭区注册了"潍县"牌潍县萝卜商标;潍城区注册了"潍州"牌潍县萝卜商标,成立了潍州萝卜合作社、联合社,并将潍城区的白浪河以西、友爱路以东、玄武西街以北、泰祥街以南 100 公顷的潍县萝卜原产地,作为潍县萝卜原产地保护区进行了挂牌保护。

2002 年潍坊市农业局土肥站进行了不同肥料对潍县萝卜产量及硝酸盐含量的影响试验,并取得了成功,基本摸清了潍县萝卜与肥料的一些内在关系。潍坊市农业科学院潍县萝卜课题组,利用自己选育的抗抽薹新品系,于 1999 年在潍城区东夏庄成功地进行了早春大小拱棚种植试验获得成功,并于 2000—2002 年连续三年在潍坊市的潍城区、寒亭区进行了大面积推广,取得了每 667 米^2 产量 4 000 千克、收入 40 000 多元的高效益,进而改变了潍县萝卜过去单一的秋季露地栽培模式。2004 年后寿光的稻田、浮桥,寒亭的高里、南孙利用日光温室种植潍县萝卜,均获得了较高的经济效益。

第二章　潍县萝卜栽培的生物学基础

一、潍县萝卜的植物学特征

(一)潍县萝卜的肉质根

潍县萝卜属直根系,主根深 60～150 厘米,主要根群分布在 20～45 厘米的耕层中,有较强的吸收能力。

潍县萝卜的食用器官我们习惯地称为"肉质根",根据形成过程中的形态变化,认为肉质根是由缺乏增长而横向扩展的短缩茎、发达的子叶下胚轴和主根上部 3 部分共同膨大形成的,不是简单的根,而是一种复合器官。蔬菜栽培学上,一般将潍县萝卜的肉质根分为根头、根颈和真根 3 部分。根头即短缩茎,其上着生芽和叶,在子叶下胚轴和主根上部膨大时也随着增大,并保留着子叶脱离的痕迹。根颈即子叶下胚轴发育的部分,表面光滑,没有侧根。真根由胚根发育而来,其上着生两列侧根,上部膨大,参与产品器官的组成。

在肉质根形成过程中,次生构造发生得很早,第二片真叶展开时,次生构造就发生了。次生生长开始时,初生韧皮部内侧的原形成层细胞首先开始活动,形成一行至几行扁长方形细胞,排列略呈弧形,并继续向两侧扩展,直达原生木质部外方的中柱鞘,这部分中柱鞘细胞也恢复了分生能力,共同组成形成层。在横切面上,形成层近似椭圆形。形成层向内分化次生木质部,向外分化次生韧皮部,同时分化射线薄壁细胞。初生木质部被次生木质部包围在中央;而初生韧皮部则被挤压、压扁、退化消失。肉质根的次生生长使潍县萝卜的中柱部分逐渐膨大,而初生皮层和表皮(根被皮)不能相应膨大,故发生破裂、萎缩和脱离,即表现为"破肚"(或称"破白")。

在"破肚"的同时,大部分的中柱鞘细胞平周分裂形成木栓形成层,向外产生极薄的几层木栓层,起保护作用;向内产生栓内层,为薄壁细胞,里面含有叶绿体,又称为"绿皮层"。因此,"破肚"的萝卜皮,实际上是由木栓层、木栓形成层、栓内层、皮层、次生韧皮部、形成层组成。由于形成层和木栓形成层保持着旺盛的分生能力,使肉质根得以大幅度增大横径,并能保持圆形轮廓。潍县萝卜肉质根解剖结构的特点之一是次生木质部发达,木质部薄壁细胞丰富,而导管数量较少,并且被射线薄壁细胞分离成辐射线状。

潍县萝卜肉质根解剖结构的另一个特点是具有三生构造。其发生情况是:在肉质根次生木质部内,次生导管附近的部分薄壁细胞首先分化成为"木质部内韧皮部",然后在其周围分化出"额外形成层"。环状的额外形成层向圈内分生三生韧皮部,向圈外分生大量的三生薄壁细胞和少量的导管,使整个结构近似同心圆状。三生结构出现后,次生结构仍保持正常的结构形式,未被打乱。次生生长在外围进行,而三生结构在靠近中央部分自内而外地出现。次生结构与三生结构按比例协调生长,使肉质根的外形保持均匀、规整。观察肉质根的纵切面,可见三生构造系自上而下的连续束状结构,具有输送和贮藏光合产物的作用。

山东的秋冬萝卜中,潍县萝卜与青圆脆萝卜是水果萝卜的代表品种。潍县萝卜肉质根解剖结构与青圆脆萝卜等品种相比较,其特点是:一是潍县萝卜次生木质部薄壁细胞多为长方形,排列整齐,细胞间隙小,这是其肉质较紧实和耐贮藏的解剖学依据。二是潍县萝卜三生结构比较发达,在潍县萝卜肉质根横切面上,在次生木质部可明显看到分布较密集的同心圆状的三生结构,这是潍县萝卜品质优良的解剖学依据。

(二)潍县萝卜的茎、叶

潍县萝卜的茎在营养生长期内缩短,其上着生莲座叶。通过阶段发育后,在适宜的温、光等条件下抽生花薹。

潍县萝卜有子叶 2 片、肾形。第一对真叶为匙形,称"初生叶"。以后在营养生长期内长出的叶片统称莲座叶,叶形为羽状裂叶,叶色为深绿色,叶柄为绿色,叶片和叶柄上多茸毛。一般小缨品系为 2/5 叶序,大缨、二大缨品系为 3/8 叶序。叶丛为半直立状态。

根据何启伟、刘光文对潍县青萝卜莲座叶生长、展开及其作用的研究,证实潍县萝卜在营养生长的不同阶段,尤其在肉质根膨大盛期,有最大叶位,即功能叶位的存在。曾于 8 叶期、14 叶期和 16叶期,分别取样称量各叶位叶片的重量分析,可以看出,不同生长期各叶位叶片的大小差别明显。在 8 叶期,最大叶是第二叶;在14 叶期,最大叶是第七叶,其次是第八叶;在 16 叶期,最大叶是第八叶。由此可见,潍县萝卜肉质根膨大盛期,功能叶位是第七叶和第八叶。在栽培管理上,通过采取合理的技术措施,促使肉质根膨大期功能叶位及时形成,并保持旺盛的同化能力,以利于获得优质丰产。

以潍县萝卜二大缨品种和心里美萝卜品种为实验材料,观察莲座叶片和叶柄的解剖结构。认为萝卜不同品种间叶片、叶柄的解剖结构基本相似,仅有微小的差异。

据观察,潍县萝卜叶片上、下表皮均有气孔器分布,表皮细胞大小不等。从横切面来看,表皮细胞相当膨大,使表皮细胞排列不整齐。从叶片正面看,表皮细胞高低不平,细胞形状不规则,细胞壁呈弧形或浅波状,相互紧密连接,无细胞间隙。气孔器多为不等细胞型,气孔指数较高。气孔器一般有 2 个保卫细胞和 3 个副卫细胞构成。品种间表皮细胞结构有一定差异。潍县青萝卜气孔器多属于不典型的不等细胞型,副卫细胞较大;少数气孔器属于无规则型。潍县萝卜叶肉的栅栏组织和海绵组织之间差别较明显,两种组织中均含有叶绿体,结构均较疏松。栅栏组织细胞多呈柱状,海绵组织呈多角柱状或星状。还观察到,潍县青萝卜叶肉组织比其他萝卜更疏松。

(三)潍县萝卜的花、果实、种子

萝卜为复总状花序,完全花。花有萼片 4 枚,绿色;花瓣 4 枚,白色、淡紫色和粉红色,排列呈十字形。雄蕊 6 枚,4 长 2 短,基部有蜜腺。

根据对潍县萝卜开花结实习性的研究,发现正常的健壮种株抽生花茎后,常有 3 次分枝,花主要分布在 2～3 级分枝上。

主枝上的花由下而上开放,上部的侧枝先开花,渐及下部的侧枝。潍县萝卜正常生长的种株,一般单株开花 3 000～3 500 朵,花期 25～30 天。每朵花开放的时间,在日平均温度 12.5℃时,开放 4～5 天;在 20℃左右时,开放 2～3 天。

果实为长角果,略偏短,喙也稍短,内含种子 3～8 粒。主枝上的花一般坐荚率较高,分枝上的花的坐荚率依次降低。

由于开花早晚和花的着生部位不同,荚果的大小,荚中种子粒数、种子千粒重等均有差异。主枝和侧枝上早开的花所结的荚果大,每荚中有种子 5～8 粒,千粒重可达 12～13 克;侧枝上迟开的花和副侧枝上的花所结荚果则小,每荚中只有种子 3～4 粒,千粒重仅 7～8 克。

种子为不规则圆球形,种皮浅黄色至暗褐色。

二、潍县萝卜的生长发育期

潍县萝卜的生育周期可分为营养生长和生殖生长两大阶段,在这两个阶段中,又各划分出几个分期。

(一)营养生长期

从种子萌动至肉质根的形成为营养生长期,主要进行吸收根生长、叶器官形成和肉质根膨大。此期又可分为发芽期、幼苗期、肉质根膨大前期、肉质根膨大盛期和贮藏期。

1. 发芽期 从种子萌动至 2 片子叶展开,排列呈十字形(即"拉十字"),为发芽期,依靠种子内储藏的养分使其萌动,子叶出土,要求充足的水分和适宜的温度。从播种至发芽期结束需 10～12 天。

从种子萌动至第一片真叶显露(即"破心")为发芽前期,在适宜的温、湿度条件下需 5～6 天。此期,具有 2 片子叶的幼苗,苗端为原套-原体结构。幼苗出土后,虽然这时子叶有一定的光合能力,但胚根生长、胚轴伸长主要靠种子本身储藏的营养。从破心至"拉十字"为发芽后期,在适宜的温、湿度条件下需 5～6 天。此期苗端不断分化叶原基,主、侧根也迅速生长,肉质根中开始了次生生长,初生皮层中出现小的空腔。

试验结果表明:此期应着重抓好精细整地、播种、浇水,适时间苗、防止徒长。尤其应注意防止高温干旱、幼苗感染病毒病;雨后应及时排水、防止涝害。

2. 幼苗期 从真叶展开至"破肚",为幼苗期,需 15～20 天。幼苗期结束时,植株第一叶序的 8 片真叶已展开。拉十字后,苗端分区结构逐渐典型化,亚外套 1～2 层,第一叶序的叶原基迅速产生。拉十字后 7～8 天,由于肉质根的次生生长,中柱部分开始膨大,而初生皮层和表皮(根被皮)不能相应膨大,先从子叶下轴部破裂,继而向上发展,数日后完全开裂,表现为"破肚",又称"破白"。从破肚开始至结束,即大破肚,需 7 天左右。破肚后的"萝卜皮",实际上包括维管束形成层、次生韧皮部、绿皮层、木栓形成层、木栓层等结构。维管束形成层和木栓形成层保持着旺盛的分生能力,使肉质根得以大幅度增大横径,并能保持圆形的轮廓。苗端继续分化第二叶序的叶原基。此期,为促进叶器官的分化和生长,应注意在 5～6 叶期及时定苗,追施速效肥并配合浇水。

3. 肉质根膨大前期 从"破肚"至"露肩",为肉质根膨大前期,也称为叶生长盛期。在适宜条件下,此期需 15 天左右。此期间,苗端具有典型的分区结构,亚外套增至 3～4 层。第二叶序的叶片陆续展开,整个叶器官生长旺盛。到此期结束时,叶面积已达最大叶面积的 66.32%,苗端的形成层状细胞区消失,停止叶原基的分化。随着叶器官的生长,肉质根开始膨大,肉质根内的三生结构开始出现。这种上下贯通的束状构造与次生韧皮部协同,为同化产物的运输提供了通道,同时额外形成层大量的分生薄壁细胞。此期肉质根迅速膨大,同化器官、运输通道、同化产物的"库"等方面都做好了准备,故称为肉质根膨大前期。

到肉质根膨大结束时,肉质根的长度可达 14 厘米左右,径粗 3 厘米左右,根肩粗于根顶,故称为"露肩"。此期间,叶面积的日增长量达 0.58 米^2,净同化率维持一般水平,干物质的积累量占总积累量的 16.94%,日增长率为 33%。在栽培管理上,要注意肥水适当,促进叶片增长。在第二叶序的叶片全部展开后,可适当控制浇水,避免叶片旺长,以利于肉质根膨大盛期适时到来。

4. 肉质根膨大盛期 从露肩至肉质根形成,为肉质根膨大盛期。在适宜条件下,此期需 45 天左右。长成的潍县萝卜,其尾部膨大成圆形,菜农称之为"圆腔"。此期的苗端已转变为花序端,因温度日趋降低和日照渐短,处于相对不活动状态;叶不再展开,叶面积增长缓慢并渐趋停止,10 月上旬叶面积出现最大值,潍县萝卜单株叶面积一般为 16~17 分米²,此后则因基部叶片脱落而下降。叶器官在此期有旺盛的同化能力,净同化率达到 6.7 克/米²·日,大量的同化产物向根内运输,肉质根随薄壁细胞和细胞间隙的增大而迅速膨大,单株干物质的日增长量可达 1.42 克。此期干物质的积累量占营养生长期内总积累量的 79.68%,其中,肉质根干物质的增长量占肉质根总量的 87.6%。

此期是肉质根形成的主要时期,生产中,应加强田间管理。管理的中心环节是在肉质根膨大前期末(在山东省各地为 9 月中下旬,即秋分前后)重施 1 次三元复合肥,及时浇水,并注意喷药防治蚜虫、霜霉病、黑斑病等病虫害,保持叶片旺盛的同化能力。

5. 贮藏期 收获后至翌年春种株定植前为贮藏期,又称被迫休眠期。贮藏期间窖温保持 2℃~3℃为宜,超过 7℃,不仅使种株消耗大量养分或腐烂,还促使种株早抽生花薹,栽植时易造成损伤,不利于采种。

(二)生殖生长期

根据对成株采种种株各器官生育动态的研究,可将生殖生长划分为以下 4 个分期。

1. 孕蕾期 从种株定植至花薹(即主茎)开始伸长为孕蕾期,亦可称为返青期,在山东省栽培区需 20 天左右。种株在该期的生长量不大,总干物质量还不到种株收获时的 1%,地上部日均增长量仅为 0.048 克。此期种株主要是发根,展开在冬天分化的莲座叶 7～8 片,叶的干物质重占种株地上部总量的 80% 以上,花茎生长缓慢,花蕾迅速分化。

2. 抽薹期 从种株花薹开始伸长至开花前为抽薹期,一般需 10 天左右。种株在该期内地上部干物质重的日增量有所增加,但干物质总重仍较小,约占种株收获时总干重的 5%。但此期内,花薹生长迅速,莲座叶和茎生叶生长也快。在主茎生长的同时,一次分枝也开始伸长。

3. 开花期 从种株开始开花至中上部的花凋谢为开花期,一般需 20 天左右。该期种株的生育中心是开花,花薹和茎生叶也迅速生长,种株生殖生长期内的叶面积(包括莲座叶和茎生叶)在此期结束时达最大值,主茎和分枝的长度达到最大值的 80% 以上。

4. 结荚期 从种株中上部的花凋谢至大部分果荚变黄、种子成熟为结荚期,一般需 30～40 天。在此期内生育中心是果荚,种株的主茎和侧枝增长缓慢并逐渐停止,叶片衰败并开始脱落。从种株地上部干物质的增长情况来看,此期的增长量最大,占种株生殖生长全期的 66.86%,单株日均增长量达 2.23%。

综上所述,潍县萝卜在整个生长发育过程中,其形态、结构的发生、形成及其生理功能存在着阶段性差异和一定的连续性。了解这一规律,在各个时期采用相应的栽培管理技术措施,将会更有效地达到栽培的目的。

三、潍县萝卜对环境条件的要求

(一)温 度

在影响潍县萝卜优质、丰产的因素中,温度是最重要的因素之一。根据刘光文等对潍县萝卜的试验研究认为,发芽适温为 25℃ 左右,叶器官形成适温为 20℃～24℃,肉质根膨大适温为 14℃～ 18℃。潍县萝卜种株根系在 5℃ 以上可以生长,抽薹期适温为 10℃～12℃,开花结荚期适温为 15℃～21℃。

潍县萝卜不同播期试验结果表明:潍县萝卜在潍坊地区于 8 月中旬适期播种,使有效积温(指 5℃～28℃ 的温度积累)达到 1 000℃～1 130℃,一般每 667 米² 产量 3 500～4 000 千克,且品质 明显改善(表 2-1)。另外,在肉质根膨大期不仅要有 14℃～18℃ 的日平均温度,还需要 12℃～14℃ 的昼夜温差,以利于同化产物 的积累。

表 2-1 不同播种期温度对潍县萝卜品质的影响

(刘光文、冯乐荣等)

播种期 (日/月)	有效积温 (℃)	还原糖 (%)	维生素 C (毫克/100 克鲜重)	淀粉酶 (酶活单位)	风味品质
3/8	1295.0	2.87	23.64	—	质粗,水少,味辣
10/8	1130.8	2.81	25.04	182.8	较脆甜,也较辣
17/8	1003.6	3.04	23.26	171.4	脆甜,汁多,稍辣
24/8	941.4	3.17	23.67	127.4	脆甜,质细,微辣

(二)光 照

潍县萝卜是需中等强度光照的蔬菜,据研究,萝卜的光补偿点 为 600～800 勒,光饱和点为 18 000～25 000 勒,但品种间有一定 的差异。潍县萝卜密度试验结果表明,合理的群体结构,如植株中 层叶片(指地面上 15～25 厘米叶层处)的光照强度在光饱和点以 上,下层叶片(指地面 5～15 厘米叶层处)的光照强度在 4 000 勒 以上,是实现优质丰产的必要条件。

(三)水 分

萝卜发芽期、幼苗期需水不多,因此夏秋及秋季栽培,适量浇水不仅有利于出苗整齐,而且可降低地表温度,避免高温造成烧伤而感染病毒病。肉质根膨大前期需水量增加,可适当浇水。特别是在第二叶序的叶片大部分展开时适当控制浇水,利于植株适时转入肉质根膨大盛期。此外,肉质根膨大盛期是需水最多的时期,应及时供水。据试验,在肉质根膨大盛期,土壤含水量保持在20%左右(指绝对含水量),有利于提高产量和质量,而且肉质根皮色光亮、新鲜。但如果土壤含水量长期偏高,土壤通气不良,肉质根的皮孔加大,侧根处形成不规则突起,影响商品品质;若土壤长期偏干燥,肉质根生长缓慢,皮厚且粗糙,肉质粗,味辣,品质和产量均降低。在肉质根膨大盛期,土壤干、湿度骤变,还易造成肉质根裂口。

(四)土壤和矿物质营养

潍县萝卜适宜在沙质壤土、壤土、轻黏质壤土中栽培。根据对潍县萝卜生产地块土壤的调查,适宜土壤为轻黏质壤土,土壤中速效钾含量在 150 毫克/千克左右。通过对潍县萝卜产区多点取样化验分析表明,潍县萝卜肉质根还原糖含量有随土壤中速效钾含量增加而提高的趋势,两者呈显著的正相关,相关系数 $r = 0.7692$,超过 0.01 水平上的显著性(自由度为 8,0.01 的 $r = 0.765$)。但是,只施钾肥产量却不高(表2-2)。试验证明,每 667 米^2 施 3 000 千克优良腐熟圈肥的基础上,增施 50 千克左右的三元复合肥,可获得丰产和优质的潍县萝卜。

表 2-2　增施不同肥料对潍县萝卜产量和品质的影响

（刘光文　冯乐荣等）

肥料种类	施肥数量 （千克/667 米²）	平均单株 根重（克）	平均产量 （千克/667 米²）	较对照增产 （％）	平均可溶性固 形物含量（％）
尿　素	20	470	3778.9	100.0	5.5
磷、钾肥	过磷酸钙 50 ＋硫酸钾 10	545	4378.0	115.9	5.8
三元复合肥	50	585	4666.8	123.5	6.3
饼　肥	75	520	4178.0	110.5	5.8
硫酸钾	20	465	3713.3	98.2	6.8

四、潍县萝卜肉质根形成的特性

（一）肉质根形成

1. 肉质根的结构与肉质根形成　潍县萝卜的肉质根结构分为根头、根颈和真根 3 部分。根头即短缩茎，其上着生芽和叶，在子叶下胚轴和主根上部膨大时也随着增大，并保留着子叶脱离的痕迹。根颈即子叶下胚轴发育的部分，表面光滑，没有侧根。真根由胚根发育而来，其上着生两列侧根，上部膨大，参与潍县萝卜产品器官的组成。

　　潍县萝卜肉质根解剖结构的另一个特点是具有三生构造。其发生情况是：在肉质根次生木质部内，次生导管附近的部分薄壁细胞首先分化成为"木质部内韧皮部"，然后在其周围分化出"额外形成层"。环状的额外形成层向圈内分生三生韧皮部，向圈外分生大量的三生薄壁细胞和少量的导管，使整个结构近似同心圆状。三生结构出现后,次生结构仍保持正常的结构形式,未被打乱。次生生长在外围进行,而三生结构在靠近中央部分自内而外地出现。次生结构与三生结构按比例协调生长,使肉质根的外形保持均匀、规整。观察肉质根的纵切面,可见三生构造系自上而下的连续束状结构,具有输送和储藏光合产物的作用。

潍县萝卜肉质根形成的过程,在第二片真叶展开时,次生构造就发生了。次生生长开始时,初生韧皮部内侧的原形成层细胞首先开始活动,形成一行到几行扁长方形细胞,排列略呈弧形,并继续向两侧扩展,直达原生木质部外方的中柱鞘,这部分中柱鞘细胞也恢复了分生能力,共同组成形成层。在横切面上,形成层近似椭圆形。形成层向内分化次生木质部,向外分布次生韧皮部,同时分化射线薄壁细胞。初生木质部被次生木质部包围在中央;而初生韧皮部则被挤压、压扁、退化消失。肉质根的次生生长使潍县萝卜的中柱部分逐渐膨大,而初生皮层和表皮(根被皮)不能相应膨大,故发生破裂、萎缩和脱离,即表现为"破肚"(或称"破白")。

在"破肚"的同时,大部分的中柱鞘细胞平周分裂形成木栓形成层,向外产生极薄的几层木栓层,起保护作用;向内产生栓内层,为薄壁细胞,里面含有叶绿体,又称为"绿皮层"。因此,"破肚"的萝卜皮,实际上是由木栓层、木栓形成层、栓内层、皮层、次生韧皮部、形成层组成。由于形成层和木栓形成层保持着旺盛的分生能力,使肉质根得以大幅度增大横径,并能保持圆形轮廓。潍县萝卜肉质根解剖结构的特点之一是次生木质部发达,木质部薄壁细胞丰富,而导管数量较少,并且被射线薄壁细胞分离成辐射线状。

2. 肉质根的加长、加粗生长与形成 研究表明,在发芽期由于胚轴的伸长和胚根的生长,表现为加长生长快于加粗生长,致使根形指数较高,且品种间差异不大。但是,进入幼苗期后,尤其是"破肚"以后,加粗生长快,使根形指数下降(表 2-3)。到"露肩"时,潍县萝卜和心里美萝卜的根形指数均接近最终的数值。这说明,萝卜的肉质根在进入膨大盛期之前,根长和根粗的比例接近终值,已呈现该品种肉质根的雏形。

两个品种的根形有较大差异,产生这一差异的原因在于从幼苗期到肉质根膨大前期,潍县萝卜肉质根加长生长速度较快,因而长成了长圆柱形;心里美萝卜在此期间加长生长则较慢,故长成了短圆柱形。进入肉质根膨大盛期,两个萝卜肉质根的加长和加粗生长比较协调,因而保持了品种的根形特点。

表 2-3　潍县萝卜、心里美萝卜生长期内根形指数变化
（何启伟、刘光文等）

品　种	生长期（日/月）								
	21/8	27/8	8/9	18/9	28/9	8/10	18/10	28/10	12/11
潍县青萝卜	12.5	7.1	5.8	4.6	4.6	4.9	4.5	4.6	4.9
心里美萝卜	15.4	9.3	3.0	1.8	1.6	1.5	1.4	1.5	1.6

3. 叶器官形成与肉质根形成　萝卜叶器官的形成,直接影响着肉质根的形成。在植株生长正常的情况下,两者呈显著的正相关,相关系数 $r=0.856(y=34.72+0.88x)$。在叶部徒长的情况下,肉质根的膨大则受影响,两者相关系数下降。据观察,在潍县萝卜的生长过程中,其根叶比由小逐渐变大,当根叶比接近 1 时,是以叶部生长为中心转向以肉质根膨大为中心的转折点。这个转折点出现的迟早以及肥水供应情况与潍县萝卜的产品质量关系密切。而且,不同类型品种间,转折点出现的迟早差异较大。

例如,春种潍县萝卜在5～6片真叶期,肉质根横径达1厘米左右时,根叶比接近1;而秋冬季种植潍县萝卜,一般在9月下旬潍县萝卜"露肩",即肉质根膨大前期结束时,根叶比接近1。实践证明,叶器官形成快、停止生长期较早的品种,有利于同化产物的积累和肉质根的膨大。

4. 苗端结构变化与肉质根形成　从潍县萝卜春秋栽培生长

发育状况中可知,潍县萝卜苗端结构及活动对肉质根的影响,关键在于苗端形成层状细胞区消失的早晚,以及消失后顶端的活动状况。如果苗端形成层状细胞区消失太早,苗端过早地转变为花序端,叶原基的分化就会受阻,进而限制了叶面积的扩大。苗端形成层状细胞区消失后,顶端处于相对不活动状态,则叶部同化产物主要向根部运输,促进了肉质根迅速膨大;反之,顶端(即花序端)若处于活跃的分生状态,则同化产物主要用于抽薹、开花,也就限制了肉质根的膨大。

(二)产量构成因素分析

根据潍县萝卜产量形成的特点,其产量构成公式为:

$$每\ 667\ 米^2\ 产量(千克)=每\ 667\ 米^2\ 株数×单株平均重×$$
$$K×商品率$$

公式中的每 667 米² 株数主要受品种特性制约。例如,秋冬萝卜不同品种的适宜株数为 3 000~8 000 株/667 米²;而春萝卜的适宜株数为 15 000~25 000 株/667 米²,差异悬殊。合理密度的衡量标准之一是萝卜肉质根膨大盛期,叶面积指数应达到 2.5~4,并有良好的田间群体结构,以保证群体有较高的光合产量;标准之二是合理的密度应保证产品有较高的商品率。

根据对众多品种根叶比的测定,萝卜的 K 值,即经济学产量与生物学产量的比值为 0.60~0.83,品种间差异显著。不同类型品种的单株重,尤其是单株肉质根重差异很大。例如,四季萝卜的单株根重为 30~50 克,春萝卜的单株根重为 60~100 克,一般秋冬萝卜的单株根重为 400~1 000 克,而大型秋冬萝卜品种的单株根重可达 2 500 克以上。目前,随着市场经济的发展,对商品质量的要求日趋严格,就萝卜而言,适宜的单株重就是重要的商品性状。

潍县萝卜的适宜单株根重为 500 克左右,低于 400 克,生食风味不足;超过 700 克,生食肉质则嫌粗糙。

萝卜的每 667 米^2 株数、单株重、K 值及商品率之间具有相互影响、相互制约的关系。在以潍县萝卜为试材的密度试验中,观察上述各因素之间的关系,即不同密度的群体,在各个生长阶段的光合势和总光合势,均随密度增加而增加。在一定密度范围内,产量随光合势的增加而提高,密度达 10 000 株/667 米^2 时,虽有较高的光合势,但因个体生长受到较大抑制,根叶比下降,总产量也降低;而且突出问题是商品率大幅度下降。所以,根据品种特性和地力条件,确定适宜的种植密度是优质栽培的一个重要技术指标。

五、潍县萝卜的生理特性

(一)光合特性

根据何启伟等对萝卜肉质根膨大期功能叶位光合强度的测定,品种间光合强度有较大的差异(表 2-4)。萝卜肉质根膨大盛期的光合强度为 10.65～20.73 毫克二氧化碳/分米^2·小时。尽管光合强度这个生理指标易受条件的制约,其数值并不稳定,但是,毋庸置疑,凡丰产、优质的品种一定会有较旺盛的同化能力。

表 2-4　部分秋冬萝卜品种的光合强度测定

（何启伟、刘光文等）

品种名称	测定时间	光合强度（毫克二氧化碳/分米^2·小时）		
		Ⅰ	Ⅱ	平均
潍县萝卜	10 月 11 日上午	18.53	18.26	18.40
潍县萝卜自交系 40-21212	10 月 11 日上午	20.73	18.20	19.47
石家庄白萝卜	10 月 11 日上午	14.98	13.52	14.25
青圆脆萝卜	10 月 11 日上午	15.23	15.48	15.26
卫青萝卜	10 月 11 日上午	10.65	13.50	12.06

（二）同化产物运输与积累特性

　　源、库关系协调也是萝卜丰产、优质的重要生理特性。利用 $C^{14}O_2$ 示踪法的测定结果表明，饲喂 24 小时后，叶片中还存留较多的同化产物，叶柄中较少，根头部积累则较多，根颈部和真根部同化产物的积累情况则因品种而异。像潍县萝卜、北京大红袍等品种，其同化产物从叶片的运出速度和肉质根对同化产物的积累值，明显高于其他品种（表 2-5）。

表 2-5　同化产物从叶片运出及肉质根积累情况

（何启伟　刘光文等）

品种名称	24 小时后，同化产物叶片存留率（%）	同化产物从叶片运出的百分率（%）	单株肉质根 24 小时同化产物积累值（脉冲/单株）	各品种肉质根积累同化产物值与潍县萝卜比较（%）
潍县萝卜	37.8	62.2	232328	100
卫 青	73.3	26.7	174696	75.5

续表 2-5

品种名称	24 小时后,同化产物叶片存留率(%)	同化产物从叶片运出的百分率(%)	单株肉质根24小时同化产物积累值(脉冲/单株)	各品种肉质根积累同化产物值与潍县萝卜比较(%)
北京大红袍	88.6	11.4	262122	112.8
枣庄大红袍	66.8	33.2	53156	22.9
青圆脆	85.1	14.9	130287	56.1

(三)蒸腾强度

利用离体快速称重法,测定了潍县萝卜的蒸腾强度,结果是:潍县萝卜的蒸腾强度为 2190.9 毫升水/分米^2·小时。在日平均温度 18℃、微风、有光的条件下,潍县萝卜白天每 667 米^2 蒸腾 2.8 米^3 水,1 昼夜蒸腾 4～5 米^3 水。

(四)贮藏期间的失水速率和呼吸消耗速率

秋冬萝卜的耐贮性是一个重要经济性状。通过何启伟等对部分萝卜品种所做的耐贮性差异试验表明,凡是在贮存期间呼吸消耗速率偏低的品种或自交系,其耐贮性较好(表 2-6)。潍县萝卜及其自交系,贮存期间虽有较高的失水速率,萝卜皮甚至发生皱缩,由于其呼吸消耗速率低,仍表现出良好的耐贮性。

表 2-6 部分品种与自交系耐贮性差异

(何启伟 刘光文等)

材料名称	贮存期间失水速率毫升水/(千克鲜重·时)	贮存期间呼吸消耗速率毫克干重/(千克鲜重·时)	糠心级数
潍县萝卜	566.2	26	2
北京白萝卜	792.3	44	4
紫芽青萝卜	392.5	38	3
青圆脆	443.3	29	1
40-21212	617.0	25	0

注:贮存 21 天,10℃~14.5℃,空气相对湿度 50%~60%。糠心级别:0级,正常;1级,极轻微花心;2级,花心部分占50%;3级,严重花心;4级,次生木质部出现空洞。

(五)需肥特性

根据刘光文等对潍县萝卜营养生长期各阶段对氮、磷、钾的吸收比率的研究,潍县萝卜营养生长期各阶段对氮、磷、钾的吸收比率,除发芽期外,在其他各期均是钾的吸收量占第一位,其次是氮、磷的吸收量(表2-7)。各生长阶段吸收氮、磷、钾占营养生长期内总吸收量的比率表现为:发芽期和幼苗期吸收较多的氮,幼苗期和肉质根膨大期吸收较多的钾。吸收氮、磷、钾的绝对数量,在肉质根膨大盛期最多。

表 2-7　潍县萝卜营养生长期各阶段对氮、磷、钾的吸收比率情况

（刘光文、冯乐荣等）

生长阶段	氮		磷		钾		氮、磷、钾吸收比率
	克/株	占总吸收量的百分率(%)	克/株	占总吸收量的百分率(%)	克/株	占总吸收量的百分率(%)	
发芽期(末)	0.004	0.14	0.0008	0.06	0.003	0.09	5.4∶1∶4.0
幼苗期	0.107	3.63	0.035	2.52	0.134	3.95	3.1∶1∶3.8
肉质根膨大前期	0.560	18.96	0.202	14.54	0.659	19.40	2.8∶1∶3.3
肉质根膨大盛期	2.282	77.27	1.150	82.88	2.601	76.57	2.0∶1∶2.3
合　计	2.953	100.00	1.388	100.00	3.397	100.00	2.1∶1∶2.5

第三章 潍县萝卜栽培技术

一、潍县萝卜露地栽培

（一）地块选择

潍县萝卜不同生长阶段对氮、磷、钾的吸收量不同，幼苗期和叶生长盛期需要氮比磷、钾多，肉质根生长盛期需要磷、钾比氮多。因此，潍县萝卜种植宜选择土层深厚、肥沃、有良好排灌条件的地块，前茬以瓜类最好，其次是葱蒜类、豆类蔬菜及小麦等粮食作物，不宜与小白菜、小油菜、甘蓝、春萝卜等十字花科蔬菜连作，最好隔 2～3 年轮作 1 次。

（二）整地施肥做畦

前茬作物收获后，每 667 米^2 施入充分腐熟的优质圈肥 4 000～5 000 千克、腐熟的饼肥 75～100 千克或三元复合肥 50 千克作基肥。深翻 30 厘米左右，充分晒垡后，耙平做畦，多采用平畦栽培。畦长 20 米左右、宽 1.2～1.5 米，畦埂宽 20～30 厘米、高 15 厘米左右。播种前每 667 米^2 用 5% 辛硫磷颗粒剂或 50% 福美双可湿性粉剂 1.5 千克，对水 10 升拌 100 千克细土，随条播施入沟内进行土壤杀菌处理。

（三）品种选择

潍县萝卜分小缨、大缨和二大缨 3 个品系。小缨个小、质优、易生食，产量略低，秋播生长期 70 天左右。二大缨个较大，生食、熟食、腌渍均可，产量较高，秋播生长期 80 天左右。生产中可根据产品用途选择品种，作为水果萝卜宜选用抗病高产的潍县萝卜新品系，大缨品系一般不采用。

（四）播　种

1. 播种期　潍县萝卜生长适温为 10℃～25℃，低于 6℃停止生长，超过 30℃生长严重受阻。

潍县萝卜应适期播种，不可过早或过晚。若播种期过早，病毒病、霜霉病及白粉虱发生严重，易造成潍县萝卜白心，影响商品价值；播种期过晚，后期温度降低，不利于肉质根的膨大，易造成果实过小，影响销售。潍坊市播种期以 8 月 20 日左右为宜。

2. 种子处理　播种前进行种子处理，一般用 55℃温水浸种 15 分钟，或用种子重量 0.2% 的 50% 福美双可湿性粉剂或 25% 甲霜灵可湿性粉剂拌种。

3. 播种　多采用条播的方式，按行距 30～33 厘米划沟，沟深 3～5 厘米。按粒距 1.5～2 厘米，均匀撒播于沟内，每 667 米^2 播种量 600～800 克。播后覆土厚 2 厘米左右，并适时镇压，墒情好时，第二天用草秧拖拉一次即可；墒情差时，覆土后及时镇压并喷水。

（五）田间管理

1. 及时间苗 幼苗出齐后要及时间苗,第一次间苗,苗间距3～4厘米;幼苗3～4片真叶时第二次间苗,苗间距10～12厘米;幼苗5～6片真叶时第三次间苗,即定苗,苗间距20～22厘米,一般每667米² 留苗7 000～8 000株为宜。间苗时除去弱苗、病苗,并注意及时进行补苗。

2. 浇水 潍县萝卜浇水应掌握"土壤湿润,前控后促"的原则。

（1）发芽期 一般不浇水,保持土壤相对含水量80%左右。

（2）幼苗期 小水勤浇,保持土壤湿润。

（3）肉质根膨大前期 掌握"地不干不浇,地皮发白才浇"的原则,但每次浇水不宜过多。

（4）肉质根膨大盛期 此期应保证浇水均匀、充足,注意防涝、防干旱。一般每隔5～6天浇1次水,浇水最好在傍晚进行。采收前7～10天停止浇水。

3. 施肥 潍县萝卜对养分的需求钾最多,氮次之,磷最少。据测定,每生产1 000千克肉质根需要从土壤中吸收氮(N)2.6～4千克、磷(P_2O_5)1.7～2.5千克、钾(K_2O)5～7千克。施肥应掌握多施有机肥,控制氮肥用量,增施钾肥;以基肥为主,追肥为辅;在施足基肥的前提下,生长前期一般不追。播种时每667米² 施三元复合肥5～8千克作种肥。肉质根生长前期,每667米² 追施硫酸钾20千克或草木灰100千克,定苗后,保持土壤中速效钾含量在150毫克/千克以上。每周还可以进行1次根外追肥,可喷2%过磷酸钙+5%蔗糖+0.2%磷酸二氢钾+硼砂5毫克/千克混合液,也可在畦面撒一层2～3毫米厚的草木灰,可起到杀菌消毒和防病虫害等多种效果。

4. 中耕除草 潍县萝卜中耕应掌握"先深后浅,先近后远"的原则,封垄后应停止中耕,注意不要伤苗伤根。除草可在播种后出苗前于地面均匀喷施除草剂溶液,常用药剂有 50％乙草胺乳油 50～70 毫升/667 米²,60％丁草胺乳油 120 毫升/667 米²,72％异丙甲草胺乳油 80～100 毫升/667 米²,都可收到较好的除草效果。

5. 及时清除病、残、老叶 在肉质根膨大前期,要求及时打掉黄叶、病叶和老叶,使田间有良好通风透光条件,同时可防止老叶覆着在肉质根上,影响其商品价值。

6. 病虫害防治 应尽量选择没有种过萝卜的生茬地块种植,减轻或避免病害,实现无公害栽培效果。发生病害时,应严格按照下列用药方法用药,严禁超标用药。防治原则为:预防为主,防治结合,综合防治。

病毒病可用 20％吗胍·乙酸铜可湿性粉剂或 1.5％烷醇·硫酸铜乳剂 1 000 倍液喷雾防治,同时注意防治白粉虱、蚜虫和跳甲,防止造成传播危害。霜霉病和黑根病可用 25％甲霜灵可湿性粉剂 1 000 倍液,或 58％甲霜·锰锌可湿性粉剂 500 倍液,或 72％霜脲·锰锌可湿性粉剂 1 000 倍液,或 72.2％霜霉威水剂 400 倍液喷雾防治。软腐病和黑腐病可用 72％硫酸链霉素可溶性粉剂 3 000～4 000 倍液,或 14％络氨铜水剂 300～350 倍液喷雾防治,同时拔除病株带出田间,用生石灰对周围土壤进行消毒。上述病害每 10 天防治 1 次,连续防治 2～3 次。防治黑根病时应注意将药剂喷在根部。

(六)收获贮藏

一般于 11 月上旬温度降至 5℃以下,肉质根停止膨大时收获。收获后先放入 30 厘米深、1 米宽浅沟内预冷;预冷时,一层萝卜培一层湿土,以防霜冻,5～7 天后肉质根可散尽田间热量。预冷后的潍县萝卜再放入深 60~80 厘米、宽 1 米的沟窖内贮藏,仍是一层萝卜覆盖一层湿土。贮藏期间,窖温最好保持在 3℃左右,不低于 0℃。沟窖内覆土的含水量以保持在 30%左右为宜。如有条件可用恒温库贮藏,将潍县萝卜用塑料袋装好,留通气孔,库温保持 0℃~1℃。

二、潍县萝卜保护地栽培

潍县萝卜保护地栽培能有效地补充淡季供应,投资少,效益高,能有效实现潍县萝卜多季节栽培,周年供应。

(一)早春拱棚栽培

1. 土壤选择 早春拱棚潍县萝卜栽培应选择轻壤土至中壤土,60 厘米土层内无明显障碍层,疏松肥沃,排灌条件好,富含有机质,耕层土壤有机质含量 1%以上,速效氮 70 毫克/千克以上、速效磷 15~20 毫克/千克以上、速效钾 120 毫克/千克以上,土壤和水源没有受到"三废"污染的地块。

2. 拱棚规格 东西向支拱棚,棚长 50~60 米、宽 2.9~3 米,用 5 米长的竹皮,每隔 1 米插 1 根拱条。

3. 播前准备 播种前一般每 667 米² 施腐熟鸡粪 2 000 千克或优质土杂肥 4 000 千克、三元复合肥 50 千克、钙镁磷肥 75 千克、硫酸钾 20 千克或草木灰 150 千克作基肥。施肥后深翻 30 厘米左右,耙细后整平地面,做畦。一般每个拱棚从中间分成 2 畦,畦面宽 1.2 米,畦埂宽 30 厘米、高 20 厘米。也可根据拱棚大小适当调整,畦长掌握在 20 米左右。

4. 品种选择 潍县萝卜分小缨、大缨和二大缨 3 个品系。近几年根据市场需求选育出了适应冬春保护地栽培的耐抽薹潍县萝卜新品系;根据大棚栽培温度变化大,容易引起糠心的问题,选育了小缨型耐糠心潍县萝卜新品系;另外,还分离出了紫花潍县萝卜,育成了潍县萝卜不育系和保持系。小缨潍县萝卜个小、质优、宜生食,品质最好,但产量略低。大缨潍县萝卜肉质根大,品质较差,适宜熟食用。二大缨潍县萝卜肉质根较大,生食、熟食、腌渍均可,品质较好,产量较高,抗病性强。生产上可根据产品用途选择品种,并选用当年繁育的粒大饱满、大小均匀一致、无病虫害污染的优质种子种植。目前生产上仍以二大缨为主栽品种,所选育的耐抽薹、耐糠心、紫花潍县萝卜均属于二大缨类型品种。

5. 播 种

(1)播 期 潍坊地区大拱棚栽培一般在2月份播种,小拱棚栽培的播种时间应掌握在"惊蛰"至"春分"(3月5~20日),视天气情况可适当提前或延后。

(2)播 种

①种子处理 选择籽粒饱满,大小均匀的新种子,用55℃的温水浸种15分钟,或用50%多菌灵可湿性粉剂或25%甲霜灵可湿性粉剂拌种,用药量控制在种子量的0.5%。

②种植规格与密度 1.2米宽的畦面种植4行,平均行距30厘米,便于人工操作管理,株距25~28厘米,一般每667米^{2}定苗7 000~8 000株。

③播种方法 按预定行距,人工或机械播种,每667米^{2}用种量0.75~0.8千克。播种畦墒情合适时(手捏成团,丢之散开),每穴点种3~4粒,覆土后用脚稍踏压,浇蒙头水。水渗下去后,每667米^{2}用50%辛硫磷乳油0.2千克,对水2升喷淋于25千克干细土,或用5%辛硫磷颗粒剂1~1.5千克与干细土30千克混合制成毒土,均匀撒于地表防治地下害虫。然后迅速插拱棚盖薄膜保温,并用压膜竹竿或绳子将膜压紧,夜间加盖一层草苫和一层无滴膜保温。

6. 田间管理

(1)**出苗前后的管理**　刚出苗时,幼苗一般发黄,此时千万不要放风,待苗变绿后(一般播后 5 天左右)开始通风。播后 7 天左右苗基本出齐,及时进行间苗,防止因幼苗过分集中造成徒长,使下胚轴延长,肉质根弯曲,降低商品性,适宜的苗间距为 3～4 厘米,结合间苗进行 1 次中耕。

(2)**定苗**　为保证幼苗健壮,应及时定苗和划锄松土。当幼苗长至 2 片真叶时进行第二次间苗,苗间距为 10～12 厘米。幼苗 4～5 叶时进行定苗,株距 25～28 厘米,定苗时要壅土固根,防止肉质根弯曲、倒伏。定苗后,进行划锄松土,破除土壤板结。幼苗期要控制浇水,土壤相对含水量以 60% 为宜,如果发生萎蔫确需浇水,要浇小水。

(3)**温度和光照的控制**　温度的控制是决定拱棚栽培成败的关键。潍县萝卜种子在 2℃～3℃条件下开始发芽,发芽适温是 20℃～25℃。在适温条件下播种后 2～3 天即可出苗。幼苗生长期,棚内最低温度应保持在 9℃以上,最佳温度应控制在 15℃～20℃;肉质根膨大期棚温应控制在 18℃～20℃。昼夜温差为 7℃～12℃,肉质根受冻温度为 -1℃～-2℃,能耐受 25℃左右的高温。

苗期温度过低易抽薹,肉质根膨大期高温易产生畸形根。因此当棚温低于 3℃时最好加盖草苫提温,当棚内温度超过 28℃时要及时通风降温。通风时,应从拱棚两侧呈三角形交错开通风口,不可形成对流风口。一般早上出太阳后掀开草苫,上午 8 时左右放开两端,10 时左右适当通边风,下午 4 时半把通风口堵上,5 时半盖上草苫。当夜间温度达到 15℃～20℃时,可不盖草苫。另外还要控制每天光照时间不超过 10 小时(可用加盖草苫的办法控制光照时数)。

(4)**肥水管理**　浇水要掌握先控后促的原则,潍县萝卜在发芽期一般要浇小水,保持土壤湿润;肉质根生长前期掌握地不干不浇、浇水不宜过多的原则;肉质根生长盛期,要注意均匀供水,使土壤相对含水量保持在70%～80%,空气相对湿度在80%～90%,防止萝卜糠心和裂根,有利于提高产量和品质。具体地说,当潍县萝卜长至10～12厘米时进行第一次浇水和第一次追肥,此后视情况再浇2～3次水,保持地表见湿见干。随浇水追肥2～3次,每次每667米^{2}冲施高钾复合肥10～15千克。收获前6～7天停止浇水施肥。撤棚时要注意逐渐地撤下棚膜,不要突然全部撤下,撤棚后要及时浇水。

(5)病虫害防治 保护地春播潍县萝卜前期温度低,一般不发生病虫害。在通风后始有发生,撤棚后发生较重,但危害性不大,一般不进行防治,仅在个别发生严重的年份或地区稍加防治。药物可选用低毒、低残留、高效农药,每7天喷药1次,连喷2～3遍。①虫害主要是蚜虫、白粉虱、菜青虫等,可用10%吡虫啉可湿性粉剂1 500倍液,或1.8%阿维菌素乳油2 000倍液喷施防治。②防治病毒病应先防治蚜虫、跳甲等传毒媒介,并于发病初期用20%吗胍·乙酸铜可湿性粉剂或1.5%烷醇·硫酸铜乳剂1 000倍液防治。③软腐病与黑腐病常混合发生,可造成潍县萝卜腐烂。一般于发病初期用72%硫酸链霉素可溶性粉剂3 000～4 000倍液,或14%络氨铜水剂300～350倍液喷施防治。同时,应及时拔除大田病株,挖走病土,并用生石灰对周围土壤进行消毒处理。④霜霉病可选用25%甲霜灵可湿性粉剂1 000倍液,或58%甲霜·锰锌可湿性粉剂500倍液喷施防治。

7. 适时收获 保护地早春潍县萝卜栽培,生长期60天左右,收获时间一般在4月下旬至5月中旬。此期收获品质好、商品价值高,要注意根据市场行情及时收获,以免发生糠心现象,降低食用价值和商品性。也可采收后用0℃～3℃恒温库贮存,供应整个夏季市场。

（二）大棚秋延后栽培

秋延后潍县萝卜栽培，是为防止 10 月中下旬温度下降甚至有霜冻对潍县萝卜生长造成不利影响，9 月中下旬建棚覆膜增温，10 月下旬夜间加盖草苫保温的一项栽培技术，是近几年利用塑料薄膜拱棚的保温增温效应，在秋季露地栽培的基础上试验成功的一项新技术。大棚秋延后栽培也可于播种后在大棚上面加盖塑料薄膜，四周离地面 1 米用 40 目尼龙纱网布围住，既有利于通风降温，又可防止害虫进入。

秋延后种植的潍县萝卜，皮薄色鲜，个头适中，瓤色翠绿，汁多、脆甜、微辣。病虫害发生少，无农药残留，环保安全。但此茬萝卜贮藏期短，应边收获边销售，其品质和经济效益好，市场前景十分广阔。

秋延后潍县萝卜栽培除播种期和扣棚后的管理外，其他栽培管理措施与潍县萝卜露地栽培技术相同。

1. 选择适宜土壤 应选择土壤肥沃，灌水、排水方便的轻壤土、壤土或沙壤土。前茬以瓜类、葱蒜类或豆科、小麦、玉米田为宜。勿与白菜、萝卜、油菜、甘蓝等十字花科蔬菜连作，以减轻病害。

2. 整地施肥 潍县萝卜施肥以基肥为主，追肥为辅。在土壤肥力中等、目标产量为每 667 米^2 3 000～4 000 千克时，每 667 米^2 施充分腐熟的鸡鸭粪 2 500～3 000 千克、高钾三元复合肥 50 千克、硼肥 0.5 千克、锌肥 1 千克作基肥。施后深耕 25～30 厘米，耙平做平畦种植，畦宽 1.2 米，其中畦埂宽 30 厘米，畦长随棚向。

3. 播种 秋延后潍县萝卜，适宜的播种期为 9 月上中旬，可采取错期播种方式，避免集中上市。播种过早，病虫危害重，品质差；播种过晚，后期温度降低，影响肉质根膨大。播种时若土壤干旱,应先造墒后播种。每畦种植 4 行萝卜,行距 30 厘米左右,每 667 米² 用种 0.5~1 千克,可耧播或机播,播深 1.5~2 厘米。播后浇蒙头水,以保幼苗期不浇水。

4. 田间管理

(1)发芽出苗期 潍县萝卜播种出苗期间,应保持土壤湿润,促进出苗。生产中应注意固定幼苗,确保胚轴直立不弯,并及时防治蚜虫、跳甲、菜螟虫危害。

(2)幼苗期 潍县萝卜幼苗期需水量较少,一般不浇水,遇旱浇小水,以防浇水冲歪萝卜幼苗。此期间苗 2 次,定苗 1 次。幼苗 1~2 片真叶时第一次间苗,苗距 3~5 厘米;3~4 片真叶时第二次间苗,苗距 10~12 厘米;5~6 片真叶时第三次间苗,即定苗,株距 25~28 厘米,每 667 米² 定苗 6 000~7 000 株,定苗后浇水并中耕保墒除草。注意防治烟粉虱、菜青虫等危害。

(3)叶生长盛期 此期管理措施上掌握先促后控,促控结合,使苗株壮而不旺,肉质根与叶片平衡生长。前期适度促进叶丛健壮生长,若基肥不足、苗株长势弱,可每 667 米² 追施三元复合肥 15~20 千克,视墒情浇水 2~3 次;第十片叶展开后应适当控制浇水,避免叶片徒长。

(4)肉质根生长盛期 该期为实现潍县萝卜优质高产的关键时期,要供给充足的水分,保持土壤湿润。一般每 7 天浇水 1 次,结合浇水每次每 667 米² 追施硫酸钾复合肥 30~40 千克或草木灰 50 千克;基肥不足或前期没施追肥的,应冲施腐殖酸肥或高钾复合肥 20~30 千克。

5. 病虫害防治

(1)农业防治 选用优质抗病品种,实行轮作,中耕除草,清洁田园,以减少病虫危害,培育无病虫害壮苗。

(2)药剂防治 播种前用种子重量 0.3% 的 50% 福美双可湿性粉剂或 25% 甲霜灵可湿性粉剂拌种。另外,病毒病可用 1.5%

烷醇·硫酸铜乳剂或 20% 吗胍·乙酸铜可湿性粉剂 1 000 倍液防治,每 7~10 天喷 1 次连喷 3~4 次。软腐病用氢氧化铜或硫酸链霉素防治。霜霉病用甲霜灵或霜霉威防治。黑腐病用甲基硫菌灵或氢氧化铜防治。防治蚜虫烟粉虱和菜青虫,可用吡虫啉、啶虫脒、抗蚜威、阿维菌素防治,有条件的尽量使用生物杀虫剂。具体防治方法见病虫害防治部分相关内容。

6. 扣棚及扣棚后的管理

(1)扣棚 秋延后潍县萝卜栽培,因播期较秋茬露地栽培晚,霜前果实还没长大,后期气温下降,须及时支撑塑料拱棚增温保温。一般 10 月中旬扣棚,此时正值肉质根膨大期,可每 2 畦支撑 1 个拱棚,有条件的也可使用大拱棚。

(2)扣棚后的管理 扣棚前期,白天温度高,需揭膜通风降温,棚内温度控制在 14℃~18℃,并及时浇水,防止棚温过高、干旱造成潍县萝卜糠心;夜间棚内温度控制在 4℃~5℃,保持较大温差,降低消耗,增加积累,促进肉质根膨大。扣棚后期,进入 11 月中下旬,温度逐渐下降,夜间需加盖草苫保温,也可在大拱棚内按畦支撑小拱棚。这时肉质根已基本定个,棚内温度应控制在 3℃~5℃,除掉老叶,保留 2~3 片心叶,使肉质根活而不长,可随售随拔,以保持潍县萝卜的最佳风味。

(三)冬暖棚栽培

冬暖棚和日光温室种植潍县萝卜的成功,在潍坊市区实现了一年四季栽培,周年供应新鲜带缨的潍县萝卜,大幅度提高了潍县萝卜的市场价值。日光温室或冬暖棚种植潍县萝卜,一是要注意防止低温抽薹,生产中要严格按照潍县萝卜生长适温 10℃~25℃、低于 6℃停止生长、超过 30℃生长严重受阻的温度要求进行管理,把温度控制在 10℃以上,并尽量增加光照,以保证全生育期正常生长。二是要重施基肥,采用肥水早攻,一促到底的管理措施,同时要适当加大株行距并随时去掉底部的老叶病叶,以保持充足的营养空间,力争在 60~70 天内收获。

1. 整地施肥 前茬作物收获后,每 667 米^2 施充分腐熟的优质圈肥 4 000~5 000 千克、腐熟饼肥 75~100 千克或三元复合肥 50 千克作基肥。深翻 30 厘米左右,充分晒垡后,耙平做畦。多采用南北方向平畦栽培,畦宽 1.2~1.5 米,畦埂宽 20~30 厘米,高 15 厘米左右。

2. 播种 潍县萝卜利用冬暖棚和日光温室种植主要是供应早春 3~6 月份市场,播种期掌握在 12 月份至翌年 2 月底为宜;播种量为每 667 米^2 用种 0.8 千克左右;播种方式多为条播;播种密度为行株距 33 厘米×25~30 厘米,每 667 米^2 以 6 000~7 000 株为宜。播深 1.5~2 厘米,播后覆土厚 2 厘米左右,并适时镇压,墒情差时,覆土后镇压并及时喷水。

3. 田间管理

(1)适时定苗 苗出齐后进行第一次间苗,苗间距 3~4 厘米;3~4 片真叶时第二次间苗,苗间距 10~12 厘米;5~6 片真叶时第三次间苗,即定苗,苗间距 25~30 厘米。间苗时除去弱苗、病苗。

(2)浇水原则 浇水掌握土壤湿润,前控后促的原则。发芽期一般不浇水,保持土壤相对含水量 80% 左右;幼苗期小水勤浇,保持土壤湿润;肉质根生长前期掌握"地不干不浇,地皮发白才浇"的原则,浇水量不宜过多;肉质根生长盛期保证浇水均匀,因为冬季气温低,棚内湿度本身就高,不宜浇大水。采收前 7~10 天停止浇水。

(3)施肥原则 掌握多施有机肥,控制氮肥用量,增施钾肥。播种时每 667 米^2 随播施三元复合肥 5~8 千克。肉质根生长前期,每 667 米^2 追施硫酸钾 20 千克或草木灰 100 千克,使定苗后,土壤中速效钾含量保持在 150 毫克/千克以上。

（4）中耕除草 中耕应掌握先深后浅，先近后远的原则，封行后停止中耕。注意不要伤苗伤根，棚内杂草本身就少，只要划锄时仔细一点可收到较好的除草效果。

（5）病虫害防治 应尽量选择前茬没有种过十字花科蔬菜的冬暖棚种植，达到无病不用药的无公害栽培效果。发生病害时，应严格按照下列用药方法用药，严禁超标用药。防治病毒病用 20%吗胍·乙酸铜可湿性粉剂或 1.5%烷醇·硫酸铜乳剂 1 000 倍液喷雾，并及时用吡虫啉杀虫剂防治白粉虱、蚜虫和黄条跳甲；防治霜霉病、黑根病用 25%甲霜灵可湿性粉剂 1 000 倍液，或 58%甲霜·锰锌可湿性粉剂 500 倍液，或 72%霜脲·锰锌可湿性粉剂 1 000倍液，或 72.2%霜霉威水剂 400 倍液喷雾。上述药剂每 10 天防治 1 次，连续防治 2～3 次。防治黑根病时应注意将药剂喷在根部。

4. 适时收获 冬暖棚种植潍县萝卜生长期一般 65 天左右，收获期在 2～4 月份。此期收获的潍县萝卜辣味较淡，品质好、商品价值高，要注意根据市场行情及时收获，以免发生抽薹开花现象，降低食用价值和商品性。

温馨提示：

第一，潍县萝卜保护地反季节栽培首先要注意防止低温抽薹，生产中要加强温度管理，大棚、小拱棚种植温度要控制在 10℃以上，并尽量增加光照，以保证全生育期的正常生长。

第二，要重施基肥，采用肥水早攻，一促到底的管理措施。同时，要适当加大株行距并随时去掉底部的老叶、病叶，以保证充足的营养空间，争取在 65 天左右的生长期内收获。

第四章 潍县萝卜安全生产技术

一、潍县萝卜无公害栽培

(一)无公害栽培对产地环境的要求

潍县萝卜无公害栽培产地环境必须符合 NY 5010《无公害蔬菜产地环境标准》的规定。NY 5010 对大气、土壤、水源等都做了详细具体的规定。产地及其周围不能有大气污染。地表水水源即上游支流没有易对水体造成污染的电镀厂、印染厂、造纸厂、化工厂等,不得使用未经处理的工业废水、生活用水及粪便污水。高氟地区含氟量超标不宜种植,不能选用土壤中有害元素和农药残留超标的地块。

1. 地理位置的选择 要考虑到一定地域内生产资源的合理有效配置,使在该地域内生产潍县萝卜比从事其他种植业的经济效益要高;要考虑菜田在地域内分布上的相对集中性,这样易使潍县萝卜生产形成"大生产、大市场、大流通"的格局,同时使所选择地区的自然气候特点与潍县萝卜生产基地产品类型的特点相吻合;还要考虑到菜田区域内的道路建设状况及产品运输的条件等。

潍坊地区的地理位置,在 2006 年获批国家地理标志产品时就做了明确的规范,对日照、气温、降水量也具有详细的说明:本区域地处胶东半岛与山东内陆的中间位置,地处北纬 $35°4'$ 至 $37°26'$,

东经118°10′至120°1′。北临渤海的莱州湾,具有四季分明的季风区大陆性气候。

(1)日照 8、9、10月份的平均日照时数分别为7.93、7.90、7.72小时,平均太阳辐射量分别为50.9、46.2、38.5兆焦/米²。

(2)温度 全年平均温度在12℃。潍县萝卜栽培季节8、9、10月份的平均温度为25.4℃、20.1℃、14.1℃,此期间的昼夜温差为10℃～13.5℃。气候温和,温差较大,光照充足,降雨适中等气候条件,有利于潍县萝卜的生长和养分的积累。

(3)降水 年总降水量600～900毫米。潍县萝卜生长期内8、9、10月份的降水量分别为127.6毫米、60.3毫米、38.8毫米。

2.田间环境的选择 选择远离有工业废气、生活污水及粪便污水等废水排放的地区。地表水水源及上游支流没有易对水体造成污染的电镀厂、印染厂、制药厂、造纸厂、化工厂等。高氟地区水质含氟量超标则不宜种植潍县萝卜。同时,应远离交通要道100米以上,具备良好的灌排条件,地下水水质尽可能达到饮用水卫生标准。无公害潍县萝卜基地对灌溉用水、土壤质量和空气环境质量的要求详见表4-1至表4-3。

表4-1 无公害潍县萝卜灌溉用水质量标准

序　号	项　目	标准/(毫克/升)
1	总　铅	≤0.1
2	总　镉	≤0.005
3	总　汞	≤0.001
4	总　砷	≤0.05
5	铬(六价)	≤0.1
6	氟化物	≤3.0
7	氰化物	≤0.5
8	氯化物	≤250
9	pH值	≤5.5～8.5

表 4-2　无公害潍县萝卜土壤环境质量标准　（毫克/千克）

序　号	项　目	pH 值		
		＜6.5	6.5～7.5	＞7.5
1	铅	≤250	≤300	≤350
2	镉	≤0.30	≤0.30	≤0.60
3	汞	≤0.30	≤0.50	≤1.0
4	砷	≤40	≤30	≤25
5	铬	≤150	≤200	≤250

表 4-3　无公害潍县萝卜空气环境质量标准

序　号	项　目	日平均	1 小时平均
1	总悬浮物/（毫克/米³）	≤0.30	
2	二氧化硫/（毫克/米³）	≤0.15	≤0.50
3	氮氧化物/（毫克/米³）	≤0.10	≤0.15
4	氟化物/（微克/米³）	≤10	

3. 对土壤的要求　产区为冲积平原，土壤肥沃、地势平坦，轻黏壤土，有机质及速效磷、速效钾含量较高，水中可溶性钾含量亦较高。地下水丰富，排水性良好，2～3 年内未种过十字花科蔬菜的壤土和沙壤土为宜。

4. 对土壤 pH 值及耕作层的要求　土壤 pH 值要适宜，潍县萝卜栽培土壤的 pH 值以 6.3～8 为宜，土壤略碱性较好。土壤耕作层以 27 厘米以上为宜，如耕作层过浅、坚硬，不但使产量降低，而且由于主根的生长受阻，使侧根膨大而造成肉质根分杈，萝卜弯度过大影响商品价值。

5. 对土壤肥力的要求　土壤肥沃，土壤有机质含量要达到 1% 以上，重金属及其他有毒物质含量不得超标。菜田是人工培育后的肥沃土壤,生产中要注意进行土壤改良。对于沙质土,可增加有机肥如堆肥、厩肥、河泥等的施用量,也可以采用与豆科作物轮作等方法进行改良;对于低洼盐碱地,可通过开沟排盐、用塑料薄膜等将表土层与底土层隔断、雨后及时中耕等方法,并结合大量使用有机肥进行改良;对老菜田,应考虑深翻土地、增施有机肥、及时排灌、保护环境并配合其他农业措施进行土壤改良。

(二)无公害栽培技术要点

1. 茬口选择 选择土层深厚、肥沃、有良好灌排条件的地块。前茬最好是瓜类蔬菜,其次是葱蒜类、豆类蔬菜及小麦等粮食作物,不宜与白菜、油菜、甘蓝、萝卜等十字花科蔬菜连作。

2. 清洁田园 潍县萝卜栽培应在播种前 15 天左右,将大田或棚内前茬蔬菜的病株、残体彻底清除干净,包括杂草、根系等清除棚外,并集中烧毁或深埋。

3. 高温闷棚 在大棚等保护地种植潍县萝卜时要进行高温闷棚,方法是施足基肥后,深翻 25～30 厘米,整平后浇一遍透水,促进磷、钾养分通过风化释放。然后贴地面全棚室覆盖一层旧透明塑料薄膜,并将四周压实密封。选择气温较高,阳光充足的晴天,用上茬旧膜(将破洞补好)封闭棚室升温,连续高温闷棚 10～20 天。病害严重的棚室,可在棚室封闭后每 667 米^2 用硫磺粉 60 克或 80% 敌敌畏乳油 180～300 毫升点燃熏蒸。但经过高温处理后,土壤中一些有益微生物也受到破坏,高温闷棚后到播种前,结合整地每 667 米^2 施入高能生物菌肥 4 瓶,以补充由于高温受损害的有益微生物。

4. 土壤消毒 土壤消毒可采用 35% 威百亩水剂加水稀释50～75 倍,均匀喷洒地面,使药液浸润土层约 14 厘米,覆膜 10 天后去膜即可播种。也可每 667 米^2 用 98% 棉隆微粒剂 20～30 千克,撒施并耕匀,覆膜 20 天以上,去膜后 15 天即可播种。

5. 整地施肥做畦 种植地块在前茬作物收获后,每 667 米^2 施充分腐熟的优质圈肥 4 000～5 000 千克、腐熟饼肥 75 千克或生物有机肥 100～150 千克、硫酸钾复合肥 50 千克作基肥,同时施锌肥 1.5 千克、硼肥 0.5 千克,深翻 30 厘米左右,耙平。种植潍县萝卜多采用平畦栽培。畦宽 1.2～1.5 米,畦埂宽 20～30 厘米、高 15 厘米,畦长 20 米左右;冬暖棚按棚的长度南北向做畦。

6. 播 种

(1)播种适期 潍县萝卜应适期播种,不可过早或过晚,若播种过早,病毒病、霜霉病严重,播期过晚,后期温度低,不利于肉质根膨大。露地栽培以 8 月 15～20 日播种为宜,秋延后保护地栽培一般在 8 月下旬至 9 月中旬播种为宜。

(2)播种方法 为保证苗全、苗壮,应足墒精细播种。播种前 3～5 天畦内浇水造墒,若来不及浇水,可在开沟、播种、覆土镇压后,随即浇水。但浇水要均匀,防止大水冲出种子。

播种时首先对种子进行精选,然后进行药剂浸种,可用多霸(生物免疫剂)100～200 倍液浸种 15～30 分钟,晾干后进行播种。播种多采用条播和穴播,每 667 米^2 播种量一般为 0.5～0.75 千克。

7. 间苗、定苗 潍县萝卜苗出齐后为防止幼苗拥挤,下胚轴过长,应及时进行第一次间苗,苗距 3～4 厘米;3～4 片真叶时第二次间苗,苗距 10～12 厘米;5～6 片真叶第三次间苗,即定苗,苗距 25～28 厘米。间苗时除去弱苗、病苗,并注意每次间苗后在幼苗周围撒一薄层细土固定幼苗,防止幼苗歪倒,有利于提高潍县萝卜商品率。定苗后,每 667 米^2 密度为 7 000～8 000 株。

8. 肥水管理 潍县萝卜浇水应掌握土壤湿润,先控后促的原则。发芽期一般不浇水,第一次间苗后若土壤过于干旱,可浇 1 次小水,保持土壤湿润。肉质根生长前期掌握"地不干不浇"的原则,浇水时量不宜过多。肉质根膨大期保证浇水均匀、充足。此期应同时注意防涝和防旱，一般 5～6 天浇 1 次水，最好在傍晚进行，采收前 6～7 天停止浇水。

潍县萝卜施肥应掌握"多施有机肥，控制氮肥用量，增施钾肥"原则。肉质根膨大期结合浇水每 667 米^2 随水冲施生物有机肥 50 千克、硫酸钾复合肥 15～30 千克，或腐殖酸 15～20 千克、磷酸二氢钾 3～5 千克。同时，每周结合喷药进行 1 次根外追肥，可喷 2% 过磷酸钙＋5% 蔗糖＋0.2% 磷酸二氢钾＋5 毫克/千克硼砂混合液，也可喷多霸 300～500 倍液。

9. 中耕除草及疏叶 潍县萝卜中耕除草一般在早晨土壤较湿润时进行。中耕要掌握"先浅后深、先近后远"的原则，封行后停止中耕。中耕时注意不要伤苗、伤根。在潍县萝卜肉质根膨大前期，要求及时打掉黄叶、病叶和老叶，使田间有良好通风透光条件，同时防止老叶附着在肉质根上，影响其商品价值。

（三）无公害产品的质量要求

1. 潍县萝卜的典型特征 潍县萝卜经长期栽培和选育，生产上主要适用小缨、二大缨潍县萝卜 2 个品系。它们的共同特点是：羽状裂叶，叶色深绿、叶面光亮；肉质根长圆柱形，根形指数 4～5；肉质根出土部分多，皮色绿至深绿，肉质翠绿色。

（1）小缨品种特征 小缨潍县萝卜叶丛半直立，植株生长势较弱。羽状裂叶，裂叶边缘缺刻多而深，叶色深绿，叶片较小。肉质根长圆柱形，长 25 厘米左右，径粗 5 厘米左右，根形指数 5 左右，肉质根出土部分占全长的 3/4。皮较薄，深绿色，外着一层白锈，呈灰绿色，质地紧实，脆甜、多汁、辣味稍浓，是生食萝卜的最佳品种；耐贮藏，经冬季贮藏一段时期风味更佳。生长期 70～80 天，一般单株肉质根重 500 克左右，每 667 米^2 产量 3 000～3 500 千克。

（2）二大缨品种特征　　二大缨潍县萝卜叶丛半直立，植株生长势中等。肉质根长圆柱形，长 28 厘米左右，径粗 5～6 厘米，肉质致密，翠绿色，生食甜脆，多汁而略带辣味，品质与小缨潍县萝卜近似。主要用于生食，也可熟食做菜和腌制。生长期 75～85 天，单株肉质根重 600 克左右，每 667 米^2 产量 3 500～4 000 千克。

2. 潍县萝卜的质量要求

（1）潍县萝卜的质量等级　　见表 4-4。

表 4-4　潍县萝卜的质量等级

等级 / 项目		质量等级要求			
		品质要求	平均单株重（克）	最大与最小的重量差（克）	平均单株长度（厘米）	最长与最短的长度偏差（厘米）
一级	小缨	同一品种，形状正常，形状正常，肉质脆嫩致密，新鲜，色泽好，清洁。无腐烂、裂痕、皱缩、黑心糠心、病虫害、机械伤及冻害	400	50	25	≤2
	二大缨	每批样品不合格率不超过 5%	500	50	27	≤2
二级	小缨	同一品种，形状较正常，新鲜，色泽良好，清洁 无腐烂、裂痕、皱缩、糠心、冻害、病虫害及机械伤	400	60	25	≤3
	二大缨	每批样品不合格率不超过 10%	500	60	27	≤3

续表 4-4

等级/项目		质量等级要求			
	品质要求	平均单株重（克）	最大与最小的重量差（克）	平均单株长度（厘米）	最长与最短的长度偏差（厘米）
三级	小缨 同一品种，清洁，形状尚正常 无腐烂、皱缩、冻害及严重病虫害和机械伤	400	70	25	≤5
	二大缨 每批样品不合格率不超过 10%	500	100	27	≤5

（2）潍县萝卜的理化指标　见表 4-5 规定。

表 4-5　潍县萝卜的理化指标

项　目		理化指标
水　分	%	≥92.0
还原糖（以转化糖计）	%	≥3.0
维生素 C	毫克/100 克	≥25

　　注：1. 潍县萝卜同一规格产品整齐度应≥85%，每批样品中不符合感官要求的按重量计不应超过 5%。

　　2. 重金属及农药残留应低于无公害食品安全指标要求的标准，标志、标签、包装、运输、贮藏应符合 NY/T 1049—2006 要求的标准。

（四）无公害生产对采后处理的要求

1. 对加工管理的要求　对潍县萝卜进行无公害食品加工，所用器械、原料、水源、环境及生产的产品应符合相关的国家标准和绿色食品行业标准的要求。

NY/T 431—2009 绿色食品　果（蔬）酱

NY/T 433—2000 绿色食品　植物蛋白饮料

NY/T 434—2007 绿色食品　果蔬汁饮料

NY/T 435—2000 绿色食品　水果、蔬菜脆片

NY/T 1039—2006 绿色食品　淀粉及淀粉制品

NY/T 1045—2006 绿色食品　脱水蔬菜

NY/T 1047—2006 绿色食品　水果、蔬菜罐头

NY/T 1884—2010 绿色食品　果蔬粉

GB 5749—2006 生活饮用水卫生标准

GB 22747—2008 食品加工机械 基本概念　卫生要求

GB 22749—2008 食品加工机械 切片机　安全和卫生要求

GB 23242—2009 食品加工机械 食物切碎机和搅拌机　安全和卫生要求

2. 对包装管理的要求　①包装的体积和质量应限制在最低水平,包装实行减量化。②在技术条件许可与商品有关规定一致的情况下,应选择可重复使用的包装;若不能重复使用,包装材料应可回收利用;若不能回收利用,则包装废弃物应可降解。③纸类包装要求可重复使用、回收利用或可降解;表面不允许涂蜡、上油;不允许涂塑料等防潮材料;纸箱连接应采取粘合方式,不允许用扁丝钉钉合;纸箱上所做标记必须用水溶性油墨,不允许用油溶性油墨。④金属类包装应可重复使用或回收利用,不应使用对人体和环境造成危害的密封材料和内涂料。⑤塑料制品要求使用的包装材料应可重复使用、回收利用或可降解;在保护内装物完好无损的前提下,尽量采用单一材质的材料;使用的聚氯乙烯制品,其单体含量应符合 GB 9681 要求;使用的聚苯乙烯树脂或成型品应符合相应国家标准要求;不允许使用含氟氯烃(CFS)的发泡聚苯乙烯

(EPS)、聚氨酯(PUR)等产品。⑥外包装上印刷标志的油墨或贴标签的黏着剂应无毒,且不应直接接触商品潍县萝卜。⑦可重复使用或回收利用的包装,其废弃物的处理和利用按 GB/T 16716 的规定执行。⑧包装容器应整洁、干燥、牢固、透气、美观、无污染、无异味、内壁无尖突物,无虫蛀、腐烂、霉变等。纸箱无受潮、离层现象。⑨箱体大小规格按产品设计,同一规格应大小一致,同一包装内的潍县萝卜应摆放整齐、紧密。每批潍县萝卜所用的包装、单位、质量应一致。

3. 对贮藏管理的要求 ①对潍县萝卜产生污染或潜在污染的建筑材料与物品不应使用。②贮藏设施应具有防虫、防鼠等的功能;周围环境应清洁和卫生,并远离污染源。③贮藏设施及其四周要定期打扫和消毒;设备及使用工具在使用前均应进行清理和消毒,防止污染。④优先使用物理或机械的方法进行消毒,消毒剂的使用应符合 NY/T 393-2000 和 NY/T 472-2006 的规定。⑤经检验合格的潍县萝卜才能出入库。⑥按无公害潍县萝卜的种类要求选择相应的贮藏设施存放,存放产品应整齐;堆放方式应保证潍县萝卜的质量不受影响;不应与非无公害食品混放;不应和有毒、有害、有异味、易污染物品同库存放;保证产品批次清楚,不应积压,并及时剔除霉烂的、不符合质量和卫生标准的产品。⑦贮藏条件应符合潍县萝卜的温度、湿度和通风等贮藏要求。⑧应设专人管理,定期检查质量和卫生情况,定期清理、消毒和通风换气,保持清洁卫生。应建立卫生管理制度,管理人员应遵守卫生操作规定。⑨建立贮藏设施管理记录程序。应保留所有搬运设备、贮藏设施和容器的使用登记表或核查表。⑩应保留贮藏记录,认真记载进、出库产品的地区、日期、种类、等级、批次、数量、质量、包装情况、运输方式,并保留相应的单据。

4. 对运输管理的要求 ①运输应专车专用,不应使用装载过化肥、农药、粪土及其他可能污染食品的物品而未经清污处理的运输工具运载潍县萝卜。②运输工具在装入潍县萝卜之前应清理干净,必要时进行灭菌消毒,防止害虫感染。运输工具的铺垫物、遮盖物等应清洁、无毒、无害。③运输过程中采取控温措施,定期检查车(船、厢)内温度以满足保持潍县萝卜品质所需的适宜温度。④运输时潍县萝卜不应与性质相反和互相串味的食品混装在一个车(厢)中。不应与化肥、农药等化学物品及其他任何有害、有毒、有气味的物品一起运输。⑤装运前应进行潍县萝卜质量检查,在食品、标签与单据三者相符合的情况下才能装运。⑥运输包装应符合 NY/T 658 的规定。⑦运输过程中应轻装、轻卸,防止挤压和剧烈震动而使潍县萝卜受到损伤。⑧运输过程中应有完整的档案记录,并保留相应的单据。⑨运输过程中应注意防冻、防雨淋、防晒、通风散热等,防止潍县萝卜变质。

二、出口潍县萝卜栽培

1975 年以来,美国、日本、波兰、荷兰等国家的专家先后到潍县萝卜产地进行学术考察,因潍县萝卜含有较多的维生素,日本东京农业大学的杉杉直易教授称其为“维他命萝卜”。2001 年山东省安丘市、寒亭区的出口加工企业开始把潍县萝卜出口到日本、韩国、俄罗斯及东南亚等国家,2009 年潍县萝卜首次进入了欧盟市场。但随着国际金融危机的蔓延和国外技术壁垒的进一步加深,对蔬菜等出口产品质量的要求进一步提高,产品的质量安全问题已受到高度重视。因此,研究潍县萝卜出口安全生产技术,减少农药等有害物质对产品的污染,提高产品安全水平,对推进潍县萝卜出口及实施可持续发展具有重大的现实意义。

(一)生产基地的选择

根据出口蔬菜对生产基地的要求,应选择空气清新,水质纯净,土壤未受污染或污染程度较轻,具有良好农业生态环境的地区。应选择土层深厚,排灌方便,透气性好,富含有机质,保水、保肥性好的沙壤土。环境条件符合 NY 5010《无公害蔬菜产地环境标准》的要求。

1. 对大气条件的要求 基地周围不得有大气污染源,特别是上风向没有污染源,不得有有害气体排放,生产生活用的燃煤锅炉需要有除尘除硫装置;大气质量要求稳定,符合无公害食品大气环境质量标准;大气质量评价采用国家大气环境质量标准 GB 3095—1996 所列的一级标准,主要评价因子包括总悬浮微粒、二氧化硫、氮氧化物、氟化物。

2. 对土壤的要求 生产基地周围没有金属或非金属矿山,土壤中不得含有重金属和其他有毒有害物质;生产基地在最近 3 年内未使用过化学农药、化肥等违禁物质;基地无水土流失、风蚀及其他环境问题(包括空气污染);如果从常规萝卜种植方式向出口、绿色潍县萝卜种植转换需 3 年以上的转换期;同时,要求土壤有较高的土壤肥力和保持土壤肥力的有机肥源。

3. 对水环境的要求 要求生产用水质量要有保证;产地应选择在地表水、地下水水质清洁无污染的地区;水域、水域上游没有对该产地构成威胁的污染源,出口蔬菜的灌溉用水应优先选用未受污染的地下水和地表水,水质应符合《农田灌溉水质标准》GB 5084—92。

在满足上列条件的前提下,其次要考虑交通方便,地势平坦,排灌良好,适宜蔬菜生长,利于天敌繁衍及便于销售等条件。

（二）选用抗病新品系

选用抗病、抗虫潍县萝卜品种来预防病虫害是最经济、最符合出口蔬菜生产要求的有效措施。潍县萝卜有3个品系，其中二大缨抗病新品系对几种重要病虫害的抗性较好，但不兼抗多种病虫害，且抗抽薹能力较差。因此，各地要根据当地易发生病虫害的情况选择应用，以符合出口蔬菜生产的要求。

（三）合理轮作及重施基肥

潍县萝卜忌连作，所以要换茬轮作，避免重茬。叶菜类蔬菜需氮较多，瓜菜类、茄果类蔬菜需磷较多，而根菜类萝卜需钾较多。它们之间轮作，可充分利用土壤中各种养分，还可改变病虫的生活环境，减轻病虫害的发生。

播种前20天进行整地，深翻晒垡，可减少田间病虫基数，同时有利于根系发育。一般每667米^{2}施充分腐熟的农家肥料4 000～5 000千克作基肥。基肥要施用完全腐熟的土杂肥和生物有机肥，未腐熟的农家肥中常有有害微生物和虫卵，不宜施用。

（四）播种及田间管理

潍县萝卜播种时，每穴播4～5粒饱满的种子，覆土厚度2～3厘米。播种过浅出苗后易倒伏，将来肉质根不直；播种过深影响出苗速度，不利于培育壮苗。播种后若遇干旱，应及时灌水，以利于出苗，同时出苗后及时间苗、补苗。间苗一般分2次进行，第一次在子叶充分平展时；第二次在具有2～3片真叶时进行。当潍县萝卜具有4～5片真叶、肉质根破肚时，按规定的密度进行定苗，每穴留 1 株苗。

1. 科学施肥

（1）施肥原则　在潍县萝卜生产中肥料对潍县萝卜造成污染有两种途径，一是肥料中所含有的有害有毒物质如病菌、寄生虫卵、毒气、重金属等。二是氮素肥料的大量施用造成硝酸盐在潍县萝卜体内积累。因此，出口潍县萝卜生产中施用肥料应坚持以有机肥为主，其他肥料为辅；以基肥为主，追肥为辅；以多元素复合肥为主，单元素肥料为辅的原则。

（2）施肥种类　施肥的种类包括有机肥、化肥、生物菌肥、无机矿质肥料、微量元素肥料、多元素复合肥液等。

①有机肥　有机肥是生产出口潍县萝卜的首选肥料，具有肥效长、供肥稳、肥害小等其他肥料不可替代的优点，如堆肥、厩肥、沼气肥、饼肥、绿肥、泥肥、作物秸秆等。

②化肥　生产出口潍县萝卜原则上限制施用化肥，如生产过程中确实需要，要科学施用。可用于出口潍县萝卜生产的化肥有尿素、磷酸二铵、硫酸钾肥、钙镁磷肥、矿物钾、过磷酸钙等。

③生物菌肥　生物菌肥既具有有机肥的长效性又具有化肥的速效性，并能减少潍县萝卜中硝酸盐的含量，改善品质，改良土壤性状。因此，生产中应积极推广使用生物肥，如磷细菌肥、活性钾肥、固氮菌肥、硅酸盐细菌肥、复合微生物以及腐殖酸类肥料等。

④无机矿质肥料　如矿质钾肥、矿质磷肥等。

⑤微量元素肥料　以铜、铁、锌、锰、钼等微量元素为主配制的肥料。

⑥多元复合肥液　复合肥液含有多种氨基酸类黄腐酸、氮、磷、钾、微量元素和数十种植物化学成分和微生物代谢物，具有很强的综合生化调控能力和迅速补充养分的功能，具有促生、耐旱、抗寒、提早成熟、延缓生命周期和改善品质提高产量的作用，且无污染。

（3）施肥方法

①重施有机肥少施化肥　充足的有机肥，能不断供给潍县萝卜整个生育期对养分的需求，有利于肉质根品质的提高。农作物秸秆和畜禽粪污都是生产有机肥的上好原料。畜禽粪污要加入发酵剂经过高温堆积发酵，使其充分腐熟方可施入菜田。发酵时将新鲜的粪污装入塑料袋中堆放或装入缸中，加入热水封口，在15℃以上条件下自然发酵，发酵过程中及时翻缸，使发酵温度保持在 15℃～45℃之间。农作物秸秆加入速腐剂可直接还田，但将其粉碎后，腐熟发酵效果更好。腐熟方法是每 100 千克粉碎的秸秆加入速腐剂 1～2 千克，堆垛后，表面用泥封严，一般 20 天左右成肥。

②重施基肥少施追肥　实践证明，在相同基肥条件下，化肥用量越大，潍县萝卜中硝酸盐积累越多。因此，出口潍县萝卜生产要施足基肥，控制追施化肥。一般每 667 米^2 施用纯氮 15 千克，2/3作基肥，1/3 作追肥，追肥要深施。

③化肥科学施用　一是尿素及其他含氮复合肥允许施用，硝态氮肥禁止施用；磷肥中磷酸二铵、过磷酸钙可以施用；钾肥中硫酸钾可用，但提倡以生物钾和草木灰代替化学钾肥；微量元素肥料可以控制施用。二是控制化肥用量，一般每 667 米^2 施氮量应控制在纯氮 15 千克以内。三是化肥要深施、早施。早施有利于潍县萝卜早发快长，延长肥效，减少硝酸盐积累。化肥必须在收获前30 天停止施用。实践证明，尿素施用前经过一定处理，还可在短期内迅速提高肥效，减少污染。处理方法为：取 1 份尿素，8～10份干湿适中的田土，混拌均匀后堆放于干爽的室内，下铺塑料薄膜，堆闷 7～10 天后作穴施追肥。四是化肥要与有机肥、微生物肥配合施用。

④施肥应因地因苗因季节而异　不同土质、不同苗情、不同季节，施肥种类、施肥方法要有所不同。苗期施氮肥利于早发快长。

夏秋季节气温高,硝酸盐还原酶活性高,不利于硝酸盐的积累,可适量施用氮肥。提倡营养诊断、测土配方施肥,提倡深施、分层施肥和根外追肥等。

2. 合理灌溉 加强农田水利设施建设,可提高潍县萝卜的抗灾能力,做到旱能灌,涝能排。还能调节田间小气候,减少病虫草害的发生和危害。土壤水分、空气湿度对病害发生影响大,其中土传病害的发生与土壤水分关系密切,气传病害与空气湿度关系密切。因此,生产中应避免大水漫灌,尽量减少或避免叶面上产生水滴,达到控制病害侵染或流行的目的。

3. 除草技术 潍县萝卜生长因为不能使用除草剂一般采用人工或机械方法除草。所以,要在生长前期,及时清除杂草幼苗。这是因为苗期潍县萝卜长势较弱,杂草争夺养分能力强,对潍县萝卜生长极为不利。生长中后期,潍县萝卜地上部叶片完全覆盖住地面,杂草生长被抑制。另外,使用含有杂草的有机肥应完全腐熟,从而杀死杂草种子,减少带入菜田的杂草种子数量。

4. 病虫害的综合防治

(1)生物防治

①利用天敌防治 释放寄生性、捕食性的天敌防治害虫,通过增加天敌昆虫数量或改善天敌昆虫适生环境,达到控制害虫的目的。如赤眼蜂(防治地老虎)、七星瓢虫(防治蚜虫和粉虱)、捕食蜗和各类天敌蜘蛛等。也可利用鸟类和蛙类进行防治。

②使用微生物制剂防治 利用微生物间的拮抗作用,用一种微生物的生命活动过程中产生的特殊物质——抗生素,来抑制另一种微生物的生长甚至杀死它们。一般活体微生物农药包括真菌制剂、细菌制剂、病毒制剂、昆虫病原线虫等,如用硫酸链霉素防治细菌性病害;用抗毒剂防治病毒病;用武夷菌素防治炭疽病等。

③利用植物之间的生化他感作用防治 例如,与葱类作物混种,能减少病害等。利用无毒害的天然物质防治病害,如草木灰浸

泡液可防治蚜虫。利用性引诱剂和性干扰剂可有效减少蛾类害虫的虫口。

④利用蔬菜制农药杀虫 把 20～30 克大蒜瓣捣成泥状，然后加 10 升水搅拌，取其滤液用来喷雾，可防治蚜虫和红蜘蛛；取新鲜大葱 2～3 千克捣烂成泥，加 15～17 升水，用浸提溶液喷洒，具有防治蚜虫和软体害虫的作用；取新鲜辣椒 50 克，加水 30～35 倍，煮沸半小时后，取滤液喷洒，可防治蚜虫、地老虎和红蜘蛛等害虫；将鲜丝瓜捣烂，加 20 倍水搅拌，取其滤液喷雾，可防治红蜘蛛、蚜虫等害虫。

(2)物理防治 人工摘除害虫卵块、捕捉幼虫集中销毁，可消灭大量卵及幼虫；及时摘除病叶病果并移出田间销毁，可以减少再侵染源；一季生产结束后，把植株病残体焚烧或深埋掉，并翻地晒地，可以减少病原菌在土壤中的积累。用黄板或黄皿可诱杀白粉虱、蚜虫、斑潜蝇。悬挂银灰色反光膜(条)，有一定的驱避蚜虫作用。用黑光灯可诱杀蛾类、甲虫、直翅目等害虫的成虫。利用成虫对糖醋酒的趋性，于成虫发生盛期田间诱杀蛾类成虫。糖、醋、酒和水的比例为 3：4：1：2，另加少量敌百虫，晚间放在菜田中诱杀。

(3)化学防治 潍县萝卜出口安全生产，要求一般不使用化学防治，在病害发生特别严重的年份，可适当选用生产出口产品所允许使用的农药，严禁使用高毒、残效期长的农药。

①药剂选择 出口蔬菜生产允许使用的化学农药有：丁醚脲、氟虫腈、吡虫啉、抗蚜威、氯氰·毒死蜱、四螨嗪、辛硫磷、霜脲·锰锌、霜霉威、氨基寡糖素、氢氧化铜、烯酰·锰锌、嘧霉胺、多菌灵、苯醚甲环唑、噁酮·锰锌、代森锰锌、氟硅唑、锰锌·腈菌唑、氧化亚铜、烷醇·硫酸铜、盐酸吗啉胍等。

出口蔬菜生产禁止使用剧毒、高毒、高残留的农药，如六六六、DDT、敌枯双、二溴乙烷、二溴氯丙烷、三环锡、氟乙酰胺、汞制剂、克百威、甲拌磷(3911)、甲胺磷、对硫磷(1605)、内吸磷(1059)、氧化乐果、甲基对硫磷、久效磷、磷胺、杀螟威、杀虫脒、三硫磷、异丙磷、五氯酚钠等。

常用的有机磷类、氨基甲酸酯类、拟除虫菊酯类杀虫剂属于神经性毒剂,杀虫谱广,不仅对人、畜有害,对天敌有害,并且害虫易产生抗药性,出口潍县萝卜生产应尽量避免使用这类杀虫剂。

抗生素类:如阿维菌素,其中1.8%乳油毒性中等,其2 000倍液可防治斜纹夜蛾、菜蚜、黄条跳甲、斑潜蝇、叶螨等。10%浏阳霉素乳油1 500倍液可防治菜蚜和叶螨。

植物源特异性杀虫剂:该类产品具有使用安全、毒性低、对环境污染较轻等特点,而且对天敌昆虫较安全。例如,苦参碱、川楝素、鱼藤酮、阿维菌素、除虫菊素等。这类药剂国际上开发最为成功的是印楝素,2%印楝素乳油1 000~2 000倍液可用于防治斜纹夜蛾、黄条跳甲、猿叶虫、斑潜蝇、白粉虱、叶螨等害虫而对人、畜无害,对寄生蜂、草蛉、瓢虫等天敌无害。其作用机制是破坏和干扰害虫的内分泌系统,使其生理功能发生紊乱,从而导致死亡。

昆虫生长调节剂:昆虫生长调节剂类农药可干扰昆虫的生长发育,从而控制害虫发展。它对人、畜无毒无害,不污染环境,不杀伤天敌。商品制剂包括除虫脲(敌灭灵)、氟虫脲、灭幼脲、氟啶脲、氟苯脲、噻嗪酮、氟铃脲等。苯甲酰基脲又称几丁质合成抑制剂,被害虫取食后可抑制其体内几丁质合成酶的活性,从而阻止新表皮的形成,当幼虫蜕皮时造成困难而死。由于其作用机制不同于以往有机合成杀虫剂,因而对已产生抗药性的害虫有良好效果。但近年来发现害虫对这类药剂也产生抗药性,因此不应连续单一使用,以延缓抗药性的发展。

高选择性药剂:如50%抗蚜威可湿性粉剂,仅对菜蚜有效,而对其他害虫及生物无效,利于保护天敌,有助于生态平衡。此外,也可选用植物源杀虫物质,如2.5%鱼藤酮乳油、0.5%藜芦碱醇溶液、0.36%苦参碱水剂、0.1%氧化苦参碱水剂、27%油酸烟碱乳油等,特别是0.6%苦参碱内酯水剂对多种蔬菜害虫均有理想的防治效果,被誉为绿色农药。从美国引进的生物源杀虫剂25%多杀霉素胶悬剂,对蛾类害虫防治效果也很好。

②化学防治注意事项 科学合理地使用出口蔬菜生产允许使用的高效、低毒、低残留的化学农药,控制农药对潍县萝卜的污染。这里包含两方面的含义:一是每种农药的限用次数和每次使用的浓度。我国农药安全使用标准中规定40%乙酰甲胺磷乳油1 000倍液,最多使用2次;10%二氯苯醚菊酯乳油常用浓度为1 000倍液,最多使用3次;40%乐果乳油常用浓度为2 000倍液,最多使用6次。要按农药使用说明书的要求,使用最低有效浓度,不能随意提高用药量。加强病虫测报,掌握病虫发生期,施药要适时,不打"保险药"。不盲目增加用药次数,做到有的放矢。病害防治抓住发病初期,害虫防治要抓住三龄前幼虫。二是掌握安全使用农药的间隔期。农药喷到蔬菜上以后,不管其稳定性有多强,都会在自然条件下以及在植物体内,通过一系列的物理、化学和生物作用后发生复杂的化学和生化变化,最终失去毒性。最后1次用药至蔬菜收获的天数就是保证上述变化过程得以完成的时间,称为农药安全施用的间隔期。安全期的长短因农药种类而异,二氯苯醚菊酯、氰戊菊酯为5天,乙酰甲胺磷为7天,辛硫磷、敌百虫为10天,抗蚜威为7~10天,喹硫磷、乐果为15天,硫菌灵为5天,百菌清、甲霜灵和三唑酮为7天,多菌灵为10天,霜脲·锰锌为7~14天,代森锌和代森锰锌为15天,复配波尔多液目前认为还没有安全间隔期。

三、有机潍县萝卜栽培

有机潍县萝卜是指在生产过程中不使用化学合成的农药、肥料、除草剂和植物生长调节剂等物质,以及基因工程生物及其产物,而是遵循自然规律和生态学原理,采取一系列可持续发展的农业技术,协调种植平衡,维持农业生态系统持续稳定,且经过有机认证机构鉴定认可,并颁发有机证书的潍县萝卜产品。有机潍县萝卜生产与无公害、绿色生产的根本不同,在于病虫草害的防治和肥料的使用要求更高。

(一)有机潍县萝卜对生产基地的要求

1. 基地的完整性 基地应是完整的地块,其间不能夹有进行常规生产的地块,但允许有有机转换地块。有机潍县萝卜生产基地与常规地块交界处必须有明显标记,如河流、山丘、人为设置的隔离带等。

2. 必须有转换期 由常规生产向有机生产转换通常需要 2~3 年时间。转换期的开始时间从向认证机构申请认证之日起计算,生产者在转换期间必须完全按有机生产要求操作。经 1 年有机转换后的地块中生长的潍县萝卜,可以作为有机转换潍县萝卜销售。

3. 建立缓冲带 如果有机潍县萝卜生产基地中有的地块有可能受到邻近常规地块的污染,则必须在有机生产地块和常规地块之间设置缓冲带或物理障碍物,保证有机地块不受污染。不同认证机构对隔离带长度的要求不同,如我国 OFDC 认证机构要求8 米,德国 CS 认证机构要求 10 米。

4. 基地环境要求 有机潍县萝卜生产基地无水土流失、风蚀及其他环境问题(包括空气污染)。灌溉用水应优先选用未受污染的地下水和地表水,水质应符合《农田灌溉水质标准》GB 5084—92。

(二)有机潍县萝卜栽培品种选择与轮作换茬

1. 品种选择　应选择适应当地土壤和气候特点且对病虫害有抗性的潍县萝卜二大缨抗病新品系,以减少病虫害发生;而且该品种商品性好,适合作水果鲜食或加工出口。生产中一定注意种子不得使用药物处理。

2. 轮作换茬和清洁田园　在有机潍县萝卜生产中,轮作是一项关键性的栽培措施。潍县萝卜忌连作,连作后病虫害较多,因此,有机生产基地应采用包括豆科作物或绿肥在内的至少2种作物进行轮作。春季可与茄果类、瓜类、小麦、豆类间作,夏季可套种茄果类、瓜类蔬菜,秋季可套种耐寒性蔬菜,可进行2~3年的轮作。前茬蔬菜腾茬后,彻底清洁田园基地,将病残体全部运出基地外销毁或深埋,以减少病害基数。

(1)轮作的原则　选择病虫害少,可以不用或少用农药的蔬菜进行轮作,如芋头、菠菜、芹菜、香菜、牛蒡、莴苣、茼蒿、姜、甘薯、韭菜、大蒜、大葱、洋葱、百合等;还可利用当地气候条件或季节差异,选择病虫害发生少的蔬菜、粮食作物等进行轮作,如豌豆、蚕豆、小豆、花生、大豆、菜豆、豇豆、扁豆、刀豆、山药、芋头等。

掌握各类作物茬口特性是做好潍县萝卜轮作计划的基础。茬口特性是指种植某种作物后造成的土壤理化性质,反映在后茬作物上的影响,是作物生物学特性与其耕作技术措施对土壤和作物共同作用的结果。由于茬口特性不同,在不同程度上直接或间接影响后茬作物生长发育的好坏和产量的高低。

(2)轮作应注意的问题　在作物轮作组配中必须综合考虑植株高矮、根系深浅、生长期长短、生长速度的快慢、喜光耐阴等因素的互补性,选择能充分利用地上空间、地下各个土层和营养元素的作物间套作,并尽量为天敌昆虫提供适宜的环境条件。

注意种间生化互感作用。蔬菜在生长过程中,根系常向土壤中排出一些分泌物,如氨基酸、矿物质、中间代谢产物及代谢的最终产物等。而不同种类的蔬菜,其根系分泌物有一定的差异,对各种蔬菜的作用也不同。因而在安排间作套种组合方式时,要注意蔬菜间的生化互感效应,尽量做到趋利避害。只有掌握各类作物分泌物的特性,进行合理搭配互补,才能达到防病驱虫的目的。

　　(3)配套栽培技术　通过增施有机肥、培育壮苗、合理密植等技术,充分利用光、热、气等条件,创造有利于潍县萝卜生长,不利于病虫害发生的环境,以达到高产高效的目的。

(三)有机潍县萝卜施肥技术

　　1. 施肥原则　在培肥土壤的基础上,通过土壤微生物的作用来供给作物养分,要求以有机肥为主,辅以生物肥料,并适当种植绿肥作物培肥土壤。

　　2. 肥料种类　①农家肥,如堆肥、厩肥、沼气肥、绿肥、作物秸秆、草木灰、泥肥、饼肥等,必须经过完全发酵和腐熟方可施用。②生物菌肥,包括腐殖酸类肥料、根瘤菌肥料、磷细菌肥料、复合微生物肥料等。③绿肥作物,如草木樨、紫云英、田菁、紫花苜蓿等。④有机复合肥,如益利来活性(生物)有机肥、"丰一"牌有机复合肥、"八达岭"牌生物有机肥、绿太阳液肥、亿安神力等。⑤矿物质,包括硼酸岩、钾矿粉、磷矿粉、氯化钙、天然硫磺、铁矿粉等。⑥其他有机生产产生的废料,如骨粉、鱼粉、氨基酸残渣、家畜加工废料、糖厂废料等。

　　3. 有机堆肥的完全腐熟技术　有机农业禁止使用化肥,因此有机潍县萝卜生产所需的营养物质均来自于有机肥。基肥以好氧发酵的有机堆肥为主,追肥以厌氧发酵的饼粕肥为主,有机堆肥要求彻底腐熟。有机肥堆制可根据有机菜园土壤中有机质、氮、磷、钾和其他元素的含量来调节有机堆肥的配方,以达到合理施肥、平衡施肥的目的。完全腐熟有机堆肥的堆制一般需要经过升温、降温、再升温、再降温等多个反复过程,其中温度升至65℃左右(60℃~70℃)时,需翻堆降温;翻堆后温度迅速下降,待温度再次升高至65℃左右时,则再进行翻堆,反复多次,直至温度不再上升为止。堆制腐熟一般需要5~6个月。待有机堆肥色泽变成黑棕色并无臭味时为宜。有机农业生产所需的氮肥主要源于种植绿肥和沤制饼粕肥,磷肥可以在堆肥时加入适量的磷矿粉,钾肥可以利用木炭粉和草木灰等。

4. 施肥技术

第一,根据有机肥的特性进行施肥。各类有机肥除直接还田的作物秸秆和绿肥外,一般需充分腐熟后方可施用,以降低碳氮比,杀死病原菌、寄生虫卵和杂草种子。堆沤肥、厩肥等经过一定程度的腐熟,绝大多数有机氮以稳定的形式存在,一般作基肥使用。秸秆肥料一般碳氮比较高,易与作物争夺速效氮。所以,在作物秸秆还田的同时,必须施用适量的高氮物质,如腐熟的人粪尿,以降低碳氮比,加速腐熟。施用时,还需在作物播种或移栽前及早翻压。草木灰是普通的钾肥,由于碱性强,故不宜与腐熟的人粪尿、厩肥混合使用,碱性强的土壤也不宜多施草木灰。

第二,根据潍县萝卜生长规律进行施肥。潍县萝卜在幼苗期需氮较多,进入旺盛生长期则对磷、钾肥的需求量急增,氮的吸收量略减。潍县萝卜生长有两大重要的营养期,即营养临界期和营养最大效益期。营养临界期一般出现在生长初期,此时如果缺乏矿物质营养,以后就难以补救。营养最大效益期一般出现在生长中期,此时需肥量大,对肥料的利用率高。所以,生产中要根据潍县萝卜的生长规律,采取固态有机肥作基肥,速效有机肥、叶面肥作追肥相结合的施肥方法。以充分满足生长需要,达到高产优质的目的。

第三,根据土壤特性及供肥能力进行合理施肥。例如,根据土壤的水分、通气性、酸碱反应、供肥保肥能力及微生物活动状况施肥。沙土地保水保肥能力差,就要适当多施有机肥料。总之,在有机潍县萝卜的生长过程中,需要有一个能长期供应各种养分的、健康的、肥沃的土壤,必须经过3年以上的土壤培肥期,才能保证有机潍县萝卜生产的健康持续发展。

第四,有机肥有效养分含量低,因此在肥料使用量上要充足,以保证有机潍县萝卜生长有足够的养分供给。否则,会由于缺肥,而造成生长迟缓,影响产量。生产中要本着"施足基肥,巧施追肥"的原则,结合整地每667米^{2}施腐熟的厩肥或生物堆肥3 000～5 000千克。有条件的也可使用有机复合肥。追肥分土壤施肥和叶面施肥,土壤追肥主要是在潍县萝卜生长盛期结合浇水、培土等进行追施,主要施用生物有机肥及生物菌肥等。叶面施肥可在苗期、生长中后期选取生物有机叶面肥,每隔7～10天喷1次,连喷2～3次。针对有机肥料前期有效养分释放缓慢的缺点,可利用有机蔬菜允许使用的某些微生物,如具有固氮、解磷、解钾作用的根瘤菌、芽孢杆菌、光合细菌和溶磷菌等,通过这些有益菌的活动来加速养分释放和养分积累,促进潍县萝卜对养分的有效利用。

第五,有机潍县萝卜施肥应注意的问题:①有机肥要充分发酵腐熟,最好通过生物菌沤制,并且追肥后要浇清水冲洗。②秸秆类肥料在矿化过程中易引起土壤缺氮,并产生植物毒素,所以要求在潍县萝卜播种前及早将其翻压入土。③有机复合肥一般为长效性肥料,在施用时,最好配施农家肥,以提高肥效。④种植有机潍县萝卜的土地在使用肥料时,应做到种菜与培肥地力同步进行。使用动物和植物肥的比例应掌握在1∶1为好。

（四）有机潍县萝卜病虫害防治

有机蔬菜在生产过程中禁止使用所有化学合成的农药,禁止使用由基因工程技术生产的产品。所以,有机潍县萝卜病虫害防治要坚持"预防为主,综合防治"的原则。通过选用抗病品种、高温消毒、土壤处理(消毒)、合理密植、合理的肥水管理、轮作、多样化间作套种、保护天敌等农业及物理措施,综合防治病虫害。

1. 土壤消毒 种植蔬菜作物时间越长的土壤中病原菌、虫卵及幼虫也越多。采取长期浸水的办法,可将地下害虫幼虫消灭,同时也可减少好气性细菌、真菌病害的发生。具体操作是:在前茬收获后进行大水漫灌,然后于畦上覆盖塑料膜。利用夏季太阳光高温消毒 24 小时以上,5～7 天后进行翻耕,可起到杀菌杀卵的作用。还可采用在畦面上开沟,灌施 10～50 倍液的木醋酸,对土壤消毒杀菌效果明显。

2. 冻垡及清理田园 一年中热在"三伏",冷在"三九",所以伏天要深耕菜田晒垡,冬季要深翻菜田冻垡,一晒一冻可减轻病虫的危害程度。前茬作物收获后应及时做好清园工作,扫除残枝烂叶减少病虫的寄主与越冬场所。

3. 沟渠配套排灌便利 排水及时,能降低土壤湿度,减少病害发生。同时,沟渠有水,也阻拦了某些昆虫、地下害虫的迁移。

4. 覆盖防虫网 防虫网是生产有机潍县萝卜的理想覆盖材料,在夏秋季多种蔬菜害虫旺发阶段,用 40 目、孔径小于 1 毫米的防虫网全程覆盖,能有效地隔离斜纹夜蛾、甜菜夜蛾、蚜虫等。而采用具有避蚜作用的银灰色防虫网效果更佳,对蚜虫的防虫效果可达 100%。防虫网还可防雨,对于病害防治也有成效。生产中应注意及时检查纱网是否有缝隙,并随时修补。防虫网使用的关键在于覆盖前田园的清洁和土壤的消毒。

5. 趋性灭虫 用糖醋液(糖：醋：酒：水＝6：3：1：10)诱集蛾类,方法是:每 100 米² 放 1 个糖醋液钵,10～15 天换 1 次糖醋液;利用昆虫的趋光性灭虫,可在田间悬挂 20 厘米×20 厘米的黄板,涂上机油或悬挂黄色黏虫胶纸诱杀蚜虫,也可用银灰色地膜或棚田四周挂银色膜条来驱避蚜虫,还可每 667 米² 挂 1 盏黑光灯来诱杀成虫;利用性诱剂灭虫,方法是:将性诱剂 8 个左右用铁丝穿成串,置于盛有水的塑料盆上,水中加入适量洗衣粉,每隔 15 米左右放 1 个,每 15 天左右添加 1 次洗衣粉,防治斜纹夜蛾一般于 8～11 月份效果较好。只要设备安置的位置得当,数量足够,就可以达到减少害虫、保护有益昆虫的作用。

频振式杀虫灯利用了害虫较强的趋光、波、色、味的特性,选用了能避天敌习性的光源、波长、波段,配以频振高压电网触杀,达到诱杀植物食性害虫的效果。首先,根据所选购杀虫灯的类型选择好电源,然后顺杆架空线路,没有线杆的地方要用 2.5 米以上的木桩作为临时线杆。在架灯处竖 2 根木桩或角架,用铁丝把灯上的吊环固定在横杆上,高度以接虫口对地距离 1.3～1.5 米为宜。为防止刮风时来回摆动,另用 2 根铁丝将灯壳拴紧于木桩上,然后接线。杀虫灯使用期间,电网要 2～3 天清扫 1 次,以保证诱杀效果,同时清理接虫袋,布袋(塑料袋)要经常检查,有损坏或脱落应立即更换.防止无袋开灯造成灯下区虫害加重。为取得最佳效果,建议大面积、规模化使用杀虫灯,以缩小单灯控制面积,提高总体防治效果。

6. 人工捕杀 虫口密度不大时,可人工捕捉害虫以减轻危害。

7. 生物防治 是利用害虫天敌进行害虫控制的一种有效手段。例如,七星瓢虫是蚜虫的主要天敌,草蛉是蚜虫、食叶螨、介壳虫、蓟马、叶蝉和粉虱的天敌,赤眼蜂是鳞翅目昆虫的天敌,捕食螨是叶螨、瘿螨和附线螨的天敌,白僵菌可防治地老虎、金龟子等害虫。

8. 利用生物源、植物源和矿物源农药防治 有机蔬菜生产过程中一些生物源、植物源和矿物源农药是被允许使用或限制使用的。在病虫害发生严重，又无法用其他方法和手段来防治时，可用以下物质：生物农药如苏云金杆菌；植物源农药如苦参碱、除虫菊、印棟素、鱼藤酮、鱼腥草、樟脑、生姜、大蒜、薄荷、决明子等；矿物农药如波尔多液、石硫合剂、硅藻土、硫磺、石灰等；另外，还有小苏打、软肥皂、植物油、氢氧化铜、硫酸铜、高锰酸钾等。但必须十分谨慎地使用，因为这些物质可能影响益虫益菌的活动。

（五）有机潍县萝卜草害防治

在潍县萝卜生长发育过程中，杂草的地下部分和潍县萝卜争水分、空气和矿物质，地上部分又和潍县萝卜争光照、二氧化碳、空气中的水分以及生存空间；同时，杂草又是各种害虫的隐蔽所和病原菌的寄生植物。所以，对杂草防除应十分重视。由于有机蔬菜生产不允许使用任何化学除草剂，只可采用农艺措施加以防治。

1. 手工除草法 幼苗期，小苗周围的杂草可用手工拔除；莲座期至叶片生长未封行前，可用锄头进行中耕除草。对多年生草本宿根杂草必须用手铲将根、根茎、球茎挖起拾净。

2. 种植绿肥除草法 在作物轮作茬口中，当空地休闲时，可种植一茬绿肥，以防杂草丛生。在绿肥未结籽前翻入土中作为肥料，再安排下一茬蔬菜作物。适于夏季种植的绿肥有田菁、太阳麻，适于冬季种植的绿肥有紫云英、埃及三叶草、豌豆、苜蓿、红花苕子、燕麦、大麦、小麦等。到春天未开花时耕翻入土，不仅可防止杂草生长，还能克服连作障碍。

3. 覆盖除草法 ①用黑色或黑白相间的塑料薄膜覆盖，可防止休闲空地杂草滋生。②农家灰杂肥料覆盖。在潍县萝卜生长期间，用农家灰杂肥料覆盖在植株周围，可控制杂草的丛生。这种灰杂肥料覆盖法,旱季还可保湿和降低地温,雨季能防止表土被雨水冲刷。③粗有机材料覆盖。可因地制宜,就地取材,比如用树叶、稻草、稻壳、花生壳、棉籽壳、木屑、蔗渣、泥炭、纸屑等材料覆盖地面,均有防治杂草的效果,并且这些材料在田间腐烂以后,又增加了土壤中的有机质。

(六)有机蔬菜质量追溯体系

有机蔬菜全程质量追踪体系是有机蔬菜生产的一大特点。所谓有机蔬菜质量追踪体系,就是以有机蔬菜最终环节——销售为起点,一直追踪到生产该种蔬菜的地块、生产者、生产时间、使用的生产物资、种子、产量及其生产的全过程,这些过程均有文字档案的记录,以便于有机蔬菜生产全程监控和追踪。有机蔬菜质量追踪体系是蔬菜生产按有机生产方式进行的基本保证,只有做好质量追踪体系的各项文档记录,才能有效地保证生产全过程的有机性,杜绝市场有机蔬菜的假冒伪劣现象,保护自己有机蔬菜的品牌和市场份额不受他人侵犯。

第五章　潍县萝卜病虫害防治技术

一、侵染性病害及防治

由体型极小的有害生物(真菌、细菌、病毒、线虫、寄生性种子植物等)危害后造成的生长发育不正常,称为侵染性病害。潍县萝卜的侵染性病害主要有以下几种。

(一)病毒病

1. 危害症状　病毒病在潍县萝卜苗期、成株期及采种期均可发病,以苗期发病为主。幼苗发病,首先心叶明脉,然后沿叶脉失绿,继之产生深淡相间的花叶,病叶很快皱缩不平,心叶扭曲,重者早期死亡。成株期危害加剧,全株叶片出现明显的疱斑花叶状,叶绿素分布不均,深浅相间明显。有的叶片畸形、扭曲,有的沿叶脉产生耳状突起。另一种症状是叶片上出现许多直径2～4毫米圆形黑斑,茎、花梗上产生黑色条斑。有时两种症状混合发生。重病植株矮缩不长,肉质根不膨大,发育不良。采种株受害,出现花叶,花梗、花瓣均出现症状,病株发育迟缓,果荚小,籽粒少且不饱满。

2. 防治方法　潍县萝卜病毒病目前还没有理想的治疗药剂,一般以预防为主,生产上采取改进栽培管理和灭蚜防病相结合的综合防治措施。

(1)农业防治　①适期播种。常发病地区或秋季高温干旱年份,要适当晚播;反之,可适当早播。若播种过早,气温高,发病重;但播种过晚,生育期短,会影响潍县萝卜产量和品质。②选育抗病新品系。选育潍县萝卜抗病丰产新品系,并注意推广应用。但同一品系,随地区不同,抗病性也有差异,要注意品种复壮,以保持和提高品种的抗病性。③潍县萝卜菜地要与大白菜、甘蓝及其他十字花科蔬菜适当远离,减少传毒的机会,或在潍县萝卜出苗前彻底防治蚜虫。

(2)药剂防治 发病后可用20%吗胍·乙酸铜可湿性粉剂500倍液,或0.5%菇类蛋白多糖水剂300倍液,或1.5%烷醇·硫酸铜乳剂1000倍液,或5%菌毒清水剂500倍液喷雾防治。每隔5~7天喷1次,连喷2~3次。

(3)试用阻止剂

①钝化物质 如豆浆、牛奶等高蛋白物质,用清水稀释成100~200倍液,喷于潍县萝卜植株上,可减弱病毒的侵染能力,钝化病毒。也可喷植物病毒钝化剂912,每7.5克粉剂加入少量温水调成糊状,再加100毫升沸水浸泡12小时,充分搅匀,冷却后加1.5升水,分别于定苗期、莲座期各喷施1次。

②保护物质 例如,褐藻酸钠(海带胶)等喷于植株上形成一层保护膜,阻止和减弱病毒的侵入,而且不会影响蔬菜的生长和通气透光,不产生抗药性。

③增抗物质 被植株吸收后能抑制病毒在植株体内的运转和增殖。可喷施10%混合脂肪酸水剂(NS-83增抗剂)100倍液,定植前15天喷1次,定植前2天喷1次,定植后喷1次,共喷3次,可钝化病毒。

(二)霜霉病

1. 危害症状 霜霉病是潍县萝卜的主要病害之一,在苗期至采种期均可发生,可危害叶片、茎部、种株、种荚等多处。病叶初时产生水渍状、不规则的褪绿斑点,很快扩大形成多角形或不规则形黄褐色病斑。病斑有大型和小型两种。有时叶正面病斑边缘不甚明晰,叶背面病斑较为明显,湿度大时,长出白色霉层。严重时,病斑连片,导致叶片变黄、干枯。茎部染病,出现黑褐色不规则斑点,霉层较少。种株被害,自下向上发展,多在种荚上发病,病部出现淡褐色不规则形斑块,以后生出白色霜霉。严重时种子受害而带菌。

2. 防治方法

(1)农业防治 选用抗病新品系,选用无病株留种。若怀疑种子带菌,可在播种前用 50%福美双可湿性粉剂或 75%百菌清可湿性粉剂拌种,用药量为种子重量的 0.4%。适期播种,使生育期避开多雨高湿的发病期。重病地块要和非十字花科蔬菜轮作 2~3 年。合理密植,氮、磷、钾肥配合施用,雨后及时排水,促进植株健壮。及时清除田间病苗,收后清洁田园,减少侵染菌源。

(2)药剂防治 在发病初期或发现中心病株时,应摘除病叶并立即喷药防治。喷药必须细致周到,特别是老叶背面更应喷到。可用 25%甲霜灵可湿性粉剂 800 倍液,或 64%噁霜·锰锌可湿性粉剂 400 倍液,或 72.2%霜霉威水剂 800 倍液,或 69%烯酰·锰锌可湿性粉剂 1 000 倍液,或 69%霜脲·锰锌可湿性粉剂 800 倍液喷雾。喷药后天气干旱可不必再喷药,如遇阴天或雾露等天气,应隔 5~7 天喷 1 次,连喷 2~3 次。喷药后下雨必须补喷 1 次。

(三)黑 腐 病

潍县萝卜的黑腐病俗称黑心、烂心,是潍县萝卜常见病害之一,秋播比春播发病重,贮藏期继续发展,影响潍县萝卜商品性。该病是由细菌引起的病害。主要危害茎叶和肉质根。

1. 危害症状　幼苗期即可发病,子叶出现水渍斑,重者根髓变黑腐烂,整株枯死,轻者逐渐向真叶发展。叶片发病,叶缘多处产生黄色斑,向内形成"V"形或不规则形黄褐色病斑,最后病斑可扩及全叶,叶脉变黑呈网纹状,逐渐整叶变黄干枯。肉质根染病后出现灰褐色或灰黄色斑痕,内部维管束变黑色,髓部腐烂,严重时内部组织干腐,最后形成空心,横切肉质根可看到维管束呈黑褐色放射线状,但外部病状不明显,随着病害的发展和软腐菌侵入,加速病情扩展,使肉质根腐烂,并产生恶臭。病部菌脓不如软腐病明显,但潮湿时手摸病部有黏滞感。维管束溢出菌脓,这一点与缺硼引起的生理性变黑不同。

2. 防治方法

(1)农业防治　①播种前或前茬作物收获后,清除田间及四周杂草和农作物病残体,集中烧毁或沤肥;深翻土地灭茬,促使病残体分解,减少病菌。与非十字花科作物轮作,最好选休茬地块。土壤病菌多或地下害虫严重的田块,在播种前撒施或沟施灭菌杀虫的药土。②选用抗病新品系和健康、饱满、大小均匀的种子,种子最好用拌种剂或浸种剂灭菌。③选用排灌方便的田块,开好排水沟,降低地下水位,达到雨停无积水;大雨过后及时清理排水沟,防止积水滞留,降低田间湿度,这是防病的重要措施。④采用测土配方施肥,适当增施磷、钾肥,加强田间管理,培育壮苗,增强植株抗病力,有利于减轻病害。施用酵素菌沤制的堆肥或腐熟的有机肥,不用带菌肥料,施用的有机肥不得含有植物病残体。

(2)物理防治　用52℃温水浸种20分钟后播种,可杀死种子上的病菌。

(3)生物防治　用3%中生菌素可湿性粉剂100倍液15毫升浸拌20千克种子,吸附后阴干播种。发病后用3%中生菌素可湿性粉剂500倍液,或1%中生菌素水剂4 000倍液,或90%新植霉素可湿性粉剂3 000倍液喷施防治。每隔7～10天喷1次,连喷2～3次。

（4）化学防治

①种子处理　在 100 毫升水中加 0.6 毫升醋酸、2.9 毫升硫酸锌溶解后，温度控制在 39℃，浸种 20 分钟，冲洗 3 分钟后晾干播种。或用 45％代森铵水剂 300 倍液浸种 15～20 分钟，冲洗后晾干播种。或 1 千克种子用漂白粉 10～20 克，加少量水，将种子拌匀后，放入容器内封存 16 小时。也可用 50％琥胶肥酸铜可湿性粉剂按种子重量的 0.4％拌种。

②喷药　发病初期用 40％福美双可湿性粉剂 500 倍液，或 77％氢氧化铜可湿性粉剂 600 倍液，或 14％络氨铜水剂 350 倍液，或 12％松脂酸铜乳油 600 倍液，或 72％硫酸链霉素可溶性粉剂 4 000 倍液，或 50％代森铵水剂 800 倍液均匀喷雾，每隔 7～10 天喷 1 次，连喷 2～3 次。采收前 7～10 天停止用药。

（四）软 腐 病

1. 危害症状　软腐病在潍县萝卜的整个生长期均可发生，主要危害肉质根、叶柄。苗期发病，叶基部出现水渍状，叶柄软化，叶片黄化萎蔫。成株期发病，叶柄基部水渍状软化，叶片黄化下垂。短缩茎发病后，向根部发展，引起肉质根中心腐烂，发生恶臭；或从根尖的虫口或机械伤口侵染，开始呈水渍状，用手轻轻一拔，即可从地表发病处拔断。病健组织界限明显，病部常常渗出汁液。留种株感染后，外部形态往往无异常，但髓部完全腐烂，仅留肉质根的空壳。软腐病维管束不变黑，以此与黑腐病相区别。

2. 防治方法

（1）农业防治　选用抗病新品系。种植避开低洼易涝地。重病地和非寄主作物进行 3 年以上轮作。避免与茄科、瓜类蔬菜等轮作，最好与禾本科作物、豆类和葱蒜类等作物轮作。前茬收获后彻底清除病残株，及时耕翻晒土，以促进病残体解体，减少菌源。

施用粪肥充分腐熟。合理用水,勿大水漫灌,雨后及时排水。发现病株及时拔除,随之用石灰消毒根穴,防止病害蔓延。

(2)药剂防治 发病初期及时用药喷洒或灌根。可用72%硫酸链霉素可溶性粉剂100～200毫克/升,或70%敌磺钠原粉500～1000倍液均匀喷雾或灌根,7～10天1次,连用2～3次。

(五)炭 疽 病

1. 危害症状 炭疽病主要危害潍县萝卜叶片、叶柄,有时也侵染花梗及种荚。叶片受害初生苍白色水渍状斑点,扩大后为近圆形或不规则褐色病斑,略下陷,边缘褐色,直径1～2毫米,后期病斑灰白色、病部组织薄,半透明,易穿孔。发病严重时,一片叶上密布病斑几百个。在叶片背面叶脉有褐色条斑。叶柄病斑长椭圆形或纺锤形,淡褐色,凹陷明显。种荚病斑与叶片病斑近似。在潮湿环境条件下,病斑溢出粉红色的黏质物(分生孢子块)。

2. 防治方法

(1)种子消毒 用50℃温水浸种20分钟后,移入冷水中冷却,晾干后播种,或按种子重量0.4%的比例用50%多菌灵可湿性粉剂拌种。

(2)农业防治 重病区适期晚播,避开高温多雨的早秋病害易发期。注意田园清洁,清除植株病残体,及时翻耕,加速病残体腐解。选择高地势地块栽培或高垄栽培,合理施肥,增施磷、钾肥,雨后及时排水。

(3)药剂防治 发病初期及时喷药防治,可选用50%甲基硫菌灵可湿性粉剂600倍液,或50%多菌灵可湿性粉剂500倍液,或80%代森锰锌可湿性粉剂800倍液,或2%嘧啶核苷类抗菌素水剂150倍液均匀喷雾,每隔7～10天喷1次,连喷2～3次。

二、生理性病害及防治

因栽培环境条件（温、光、水、气、营养等），单因素或多因素不正常，或存在有害物质，或采取了不妥当的管理措施，使潍县萝卜生长发育不正常，称为生理病害，也叫非侵染性病害。潍县萝卜的生理病害主要有以下几种。

（一）先期抽薹

1. 发生原因 先期抽薹，消耗大量营养，使肉质根膨大期间得不到足够营养，处于"饥饿"状态，严重影响肉质根膨大和形成，品质变差。潍县萝卜先期抽薹的原因：①种子萌芽或幼苗发育阶段低温期太长，通过了春化阶段所致。②使用了多年陈旧的种子，生活力减弱。③栽培管理粗放，幼苗生长不良，促其先期抽薹。异常天气，幼苗长期处于长日照和强光照影响，也会造成先期抽薹。

2. 防治措施 注意合理安排播种期，保护地栽培低温时期播种要选用冬性强的品种，并选用籽粒饱满均匀的新籽，培育粗壮秧苗。如果遇到连续的低温天气，预测萝卜先期抽薹，可以采用挖心的方法缓解。方法是选晴天用小刀尖斜插入萝卜心叶中央，将生长点挖出来，如挖出来的心叶不散证明已挖到了生长点，说明成功了。挖心的主要目的是控制萝卜不再增加叶片，使全部营养集中供应肉质根生长。

（二）糠 心

糠心又称空心，是潍县萝卜肉质根常见的生理病害，主要发生在肉质根生长的中后期和贮藏期间，由于输导组织木质部的一些薄壁细胞因水分和营养物质运输发生困难所致。最初表现为组织衰老,内含物逐渐减少,使薄壁细胞处于饥饿状态,开始时出现气泡,同时还产生细胞间隙,最后形成糠心。糠心不仅使肉质根质量减轻,而且使淀粉、糖分、维生素含量减少,品质降低,影响加工、食用和耐藏性。

1. 发生原因 主要是因肥水供应不均匀、偏施氮肥,地温过高、茎叶徒长,早期抽薹或采收过迟等原因造成;另外,如果夜间温度高,消耗大量的同化产物,也容易引起糠心。特别是扣大棚的潍县萝卜更易发生糠心,这是因为扣棚前田间温度较低,萝卜处于低温缓慢生长状态,扣上棚膜后,棚内温度突然升高,促使生长速度加快,这期间如果不注意加强通风降温或浇水跟不上,很容易引起糠心。

2. 防治措施 为防止和减轻潍县萝卜糠心,必须从栽培管理、肥水供应等方面针对糠心产生的原因,采取适当措施。

(1)选择不易糠心的品系 播种时选择肉质根致密、干物质含量高、根形指数较小、叶片较少的小缨和二大缨品系。

(2)精细管理 适时播种,合理密植。在栽培过程中,加强肥水管理,及时掰掉老叶、病叶,保留6~8片功能叶,以提高田间通透性,同时控制地上部营养消耗。扣棚后合理通风,适当降低棚内的温湿度,特别是控制地温不要过高。

(3)科学施肥 按照基肥为主,追肥为辅,氮、磷、钾肥合理搭配,增施钾肥的原则,促进根系发育,增强输导组织功能。同时,防止因氮肥过多致使叶片生长过旺,影响同化物质向肉质根运输。做到地上部与肉质根生长平衡,使肉质根既肥大又不糠心。生产中可结合整地每667米^{2}施腐熟圈肥3 000千克、三元复合肥50千克作基肥,切忌氮、磷、钾肥单独施用。在肉质根膨大初期可结合浇水每667米^{2}冲施高钾复合肥20千克,一般施1~2次。

(4)控制湿度和温度 利用浇水控制土壤湿度,防止土壤过干过湿,可采用"天旱浇透,阴天浇匀"的方法,使土壤相对含水量保持在 70%～80%。生长后期,天旱时应适当浇水,浇水宜在傍晚时进行,以降低地温,利于叶内的营养物质向根部运转,促进肉质根的膨大,防止糠心。扣棚后,田间温度迅速上升,潍县萝卜呼吸作用会随之加大,在晴天应及时通风降温,适当抑制养分的消耗,防止由此引起的糠心。

(5)化学控制 一般在采收前 3 周左右,喷洒 50 毫克/千克萘乙酸溶液 2 次,每次间隔 10～15 天,既不影响肉质根生长,又能防止糠心,延迟成熟。若在喷洒萘乙酸时,加 5%蔗糖和 5 毫克/千克硼砂溶液,既能有效防止糠心又能明显改善口感,效果更好。

(6)适时收获 潍县萝卜糠心也是植株衰老的表现,收获越晚糠心越重。当肉质根长度达到 25 厘米左右,单根重 500 克左右时,应根据市场行情,适时收获。

(三) 白 心 病

潍县萝卜以翠绿青茬,清脆美味驰名全国。然而 2001 年秋季,在潍坊市近郊种植的潍县萝卜出现了历史上罕见的大面积白心现象。症状为肉质根外表皮正常,木质部变白,叶脉也变白,严重者块根表皮和叶肉也为淡绿色。据 2001 年 10 月 15～18 日在潍城、奎文、寒亭区调查,白心率平均为 55.1%,严重地块白心率达 100%。白心病严重影响了潍县萝卜的品质。潍县萝卜白心病发生的原因,从以下 4 个方面进行了分析研究。

1. 发生原因

(1)种子来源 从用种情况看,不同种子来源种植的潍县萝卜,均有白心出现。但同一种子来源,因环境条件不同,白心表现程度不同。

(2)气候条件 据调查,潍县萝卜生长前期,8 月下旬、9 月上旬、中旬、下旬的平均温度分别为 24.1℃、22.6℃、23.1℃、18.1℃,分别与常年持平、高 0.8℃、高 1.1℃、低 0.3℃;降水量分别为28.2毫米、11.7毫米、5.6毫米、13.1毫米,比常年分别减少12%、63%、68%、4%;日照时数从8月下旬至9月下旬,累计300小时,分别比1999年、2000年增加35小时和27小时。从气候条件分析,18.1℃～24.1℃的温度和充足的光照对潍县萝卜生长有利,降水量虽然少于上年,但种植区地下水丰富,潍县萝卜生长期间进行过多次浇水,一般不会造成水分缺失,因而气候条件不是产生白心病的环境因素。

(3)播种期 播种期越早,白心病发生程度越重。据对8月16、20、24日3个播期地块进行调查,白心率分别为100%、86%、51.8%,表明同一种子来源,同一地块的萝卜,播期越晚,白心程度越轻。

(4)病虫害 2001年潍县萝卜发生的害虫种类有烟粉虱、甜菜叶蛾、叶甲、蚜虫等,与往年不同的是烟粉虱发生程度较大。9月中旬调查,潍县萝卜单植株烟粉虱成虫达300头,如此大范围的大发生,在潍坊市的资料记载中是近40年来第一次。凡是烟粉虱发生密度高的地块,白心严重,相反,治虫效果好的地块,白心发生轻或无白心。2002年秋季潍坊市农业局植保站李洪奎研究员等在潍坊市棉花研究所进行了不同处理对潍县萝卜白心发生率影响的研究,实验设置罩网无虫、罩网接虫、露地喷药防治、露地不防治4个处理。播种期均为8月19日,罩网所用材料为60目防虫网,露地喷药处理从出苗后露出心叶开始喷第一次用药,用药为10%吡虫啉可湿性粉剂1500倍液,或25%噻虫嗪乳油3500倍液,以后间隔6天喷1次,连续喷3次。9月20日调查,网罩无虫区无烟粉虱发生,潍县萝卜全部为青茬;罩网接虫区烟粉虱密度大,潍县萝卜白心率达100%;露地喷药防治区有效地控制了烟粉虱危害,白心率5%以下;露地不防治区单株有虫260头,白心率95%。

通过以上实验研究和分析得出结论:烟粉虱危害是造成潍县萝卜白心的真正原因。

2. 防治措施 潍县萝卜白心病的发生轻重取决于烟粉虱的发生程度。生产中应重点防治烟粉虱危害。

(1)适当晚播 实践证明,秋季潍县萝卜播种越早,白心越严重,推迟播种可避开烟粉虱危害的高峰期,减轻白心率。适宜播种期为 8 月 20~25 日。

(2)药剂防治 防治烟粉虱效果较好的药剂和用药量是:10%吡虫啉可湿性粉剂 2 000 倍液,1.8%阿维菌素乳油 2 000~3 000倍液,25%噻虫嗪乳油 4 000 倍液。上述药剂轮换使用,茎叶正、反面均匀喷雾,每隔 5~7 天喷 1 次,连续喷 2~3 次。

(四)肉质根分杈

1. 发生原因 潍县萝卜肉质根分杈主要有以下几方面的原因。

(1)土质及耕作方面 土壤耕翻太浅,底层土壤过硬,同时在深耕过程中没有将石头、树根、瓦片、塑料等硬物清除。由于土壤底层过硬,又有硬物阻碍,使主根生长受阻而促进侧根发生,光合作用产生物质一经积累,主根和侧根就同时肥大起来。另外,土壤翻晒不够,蚯蚓、蛴螬、蝼蛄之类害虫过多,使主根受损害,侧根自然产生,日后也会出现分杈。

(2)基肥施用不当 未完全腐熟的有机肥含有大量的尿酸,施用后既烧伤主根,又令侧根受到刺激而长出;基肥施用不均匀且入土浅,影响主根的伸长而产生侧根,一经物质积累则侧根肥大,形成分杈。

(3)栽种密度过大 潍县萝卜定苗时相隔的距离过宽,夏秋季萝卜肉质根分杈较少,而秋冬季或冬春季萝卜肉质根分杈较多。

这是因为秋冬季、春季的天气特别有利潍县萝卜的生长,光合作用积累物质丰富。如果栽种的密度过于稀疏,植株长势特别旺盛,叶片制造的光合产物就特别多,促进肉质根出现更多的分杈。

另外,使用贮藏3～5年的陈种子或移植后主根受损也会使肉质根分杈。

2. 防治措施　对土壤进行深耕细作,保持土壤疏松。施用充分腐熟的有机肥料,而且将这些肥料均匀撒施到土层中。根据潍县萝卜的种植要求,合理密植。采用新种子作为栽培用种。

(五)裂　根

1. 发生原因　潍县萝卜肉质根开裂有纵裂和横裂,还有根头部的放射状开裂。主要是由于肉质根膨大时期供水不匀,特别是肉质根形成初期,土壤干旱,肉质根生长不良,组织老化,质地较硬。生长后期营养条件好和供水过多时,木质部细胞迅速膨大,使根部内部的压力增大,而皮层及韧皮部不能相应地生长而导致裂根。有时初期供水多,随后遇到干旱,以后又遇到多湿的环境也会引起肉质根开裂。

2. 防治措施　做好排灌工作,在潍县萝卜生长前期遇到干旱时要及时灌水,中后期肉质根迅速膨大时则要均匀供水,防止先旱后涝,同时注意雨后及时排水。

(六)辣味和苦味

1. 发生原因　潍县萝卜肉质根辣味主要由遗传因素和环境条件不良引起。天气炎热、干旱、肥水不足也可产生辣味;苦味多是由于偏施氮肥,缺少磷、钾肥及高温、干旱引起。

2. 防治措施　生产中应据发生辣味和苦味的原因加以防治,

如秋播可适当推迟,高温炎热时间采用遮阳网遮阴降温栽培,干旱时及时浇水,施肥注意氮、磷、钾肥的合理配比,及时防治病虫害等措施,都可以收到良好的效果。

(七)缺素症及补救方法

近年来,由于连茬种植,土壤肥力水平失衡,养分缺乏,缺素症状逐年加重,导致潍县萝卜产量和品质下降。

1. 缺氮症 潍县萝卜缺氮,自老叶至新叶逐渐老化,叶片瘦小,基部变黄,生长缓慢,肉质根短细瘦弱,不膨大。补救方法为每667米^{2}追尿素 7.5～10 千克,或每 667 米^2 腐殖酸冲施肥 10 千克随浇水浇灌 1～2 次。

2. 缺磷症 潍县萝卜缺磷,植株矮小,叶片小、呈暗绿色,下部叶片变紫色或红褐色,侧根生长不良,肉质根不膨大。补救方法为每 667 米^2 用磷酸二氢钾 100～150 克对水 50 升喷施。

3. 缺钾症 潍县萝卜缺钾,可使老叶的尖端和叶边变黄变褐,沿叶脉呈现组织坏死斑点,肉质根膨大时出现症状。补救方法为每 667 米^2 追施硫酸钾 5～8 千克,也可叶面喷 1% 氯化钾溶液或 2%～3% 硝酸钾溶液或 3%～5% 草木灰浸提液。

4. 缺硼症 潍县萝卜缺硼,严重时茎尖死亡,叶和叶柄脆弱易断。肉质根变色坏死,折断可见其中心变黑。补救方法为每 667 米^2 用硼砂 50～100 克,用热水溶化后对水 50 升叶面喷施,每 7～10 天喷 1 次,连喷 2～3 次。

5. 缺钼症 潍县萝卜缺钼症状是从下部叶片出现,顺序扩展到嫩叶,老叶的叶脉较快黄化,新叶慢慢黄化,黄化部分逐渐扩大,叶缘向内翻卷成杯状。叶片瘦长、螺旋状扭曲。补救方法为叶面喷施 0.02%～0.05% 钼酸铵溶液 2～3 次,每次每 667 米^2 用钼酸铵溶液 50 千克。

6. **缺锌症**　潍县萝卜缺锌,可使新叶出现黄斑,小叶丛生,黄斑扩展全叶,顶芽不枯死。补救方法为每 667 米² 追施硫酸锌 1 千克,或喷施 0.1%～0.2%硫酸锌溶液 2～3 次,喷施时在溶液中加入 0.2%的熟石灰水,效果更好。

7. **缺铜症**　潍县萝卜缺铜的表现是植株衰弱,叶柄软弱,柄细叶小,从老叶开始黄化枯死,叶色呈现水渍状。补救方法为叶面喷 0.02%～0.04%硫酸铜溶液,每 667 米² 喷硫酸铜溶液 50 千克。

8. **缺锰症**　潍县萝卜缺锰,植株易产生失绿症,叶脉变成淡绿色,部分黄化枯死,一般在施用石灰的土质中易发生缺锰。补救方法为叶面喷 0.05%～0.1%硫酸锰溶液,每 667 米² 喷施 50 千克左右,每周 1 次,连喷 2～3 次。

9. **缺镁症**　潍县萝卜缺镁,叶片主脉间明显失绿,有多种色彩斑点,但不易出现组织坏死症。补救方法为及时喷施 0.1%硫酸镁溶液,每 667 米² 喷施 30～50 千克。

10. **缺铁症**　潍县萝卜缺铁易产生失绿症,顶芽和新叶黄、白化,最初叶片间部分失绿,仅在叶脉残留网状绿色,最后全部变黄,但不产生坏死的褐斑。补救方法为叶面喷 0.2%～0.5%硫酸亚铁溶液,每隔 7～10 天喷 1 次,连喷 2～3 次,每 667 米² 喷施 50～75 千克。

三、虫害及防治

(一)吸汁类害虫

吸汁类害虫以刺吸式口器吸取寄主汁液,使植株萎蔫、卷叶、嫩头扭曲;同时,传播病毒病,排出的大量蜜露能引起煤污病。该类害虫主要是蚜虫,包括萝卜蚜、甘蓝蚜、桃蚜(烟蚜)等。蚜虫的成虫、若虫均吸食寄主植物体内的汁液,造成植株严重失水和营养不良,使叶片卷缩。由于蚜虫排泄蜜露,常导致煤污病,轻则植株不能正常生长,重则死亡。蚜虫又是多种病毒病的传播媒介,蚜虫是非持久性病毒病的传播媒介体,得病毒、传毒均很快,只要蚜虫吸食过感病植株,再移至无病植株上,短时间内即可传毒发病。此外,温室白粉虱和烟粉虱对潍县萝卜的危害也不容忽视。

1. 萝卜蚜 萝卜蚜又称菜缢管蚜,属同翅目、蚜科,是以危害十字花科为主的寡食性害虫。喜食叶面毛多而蜡质少的蔬菜,如萝卜、白菜等。

(1)危害特点 主要危害油菜、白菜、萝卜等蔬菜的叶片、花梗和嫩荚,影响生长发育和结实,并传播病毒病。萝卜蚜为半周期生活型(留守型),在南方地区孤雌生殖,连续繁殖;在北方地区以卵在贮藏蔬菜的叶柄上越冬。终年均生活在同一种或近缘寄主植物上,1年发生10~40代。若虫期夏季仅4天,冬季长达21天,一般为1周左右。因此,春、秋季危害较重。寄主为叶片多毛的作物种类和品种。

(2)防治方法 ①苗床保持湿润,干旱季节及时灌水。②及时清除杂草。③在潍县萝卜苗期有蚜株率达10%,或抽薹期有蚜蕾率达10%时喷药。药剂可用40%乐果乳油1 500~2 000倍液,或40%氰戊·马拉松乳油2 000~3 000倍液均匀喷雾,每隔5~7天喷1次,连喷2~3次。④利用瓢虫、草蛉蛉等天敌防治。

2. 桃蚜 桃蚜又称烟蚜,属同翅目、蚜科。桃蚜是广食性害虫,除危害十字花科蔬菜外,还可以危害茄子、马铃薯、菠菜等。

(1)危害特点 世界性害虫,我国各地均有发生。主要危害萝卜、白菜等蔬菜的叶片、花梗和嫩荚,并传播病毒病。桃蚜在北方地区1年发生10余代,南方地区1年发生30~40代。靠有翅蚜迁飞向远距离扩散。一年内有翅蚜迁飞3次。第一次是越冬后从冬寄主向夏寄主上的迁飞;第二次是在夏寄主作物内或夏寄主作物之间的迁飞,这次迁飞来势猛,面积大,受害重;第三次是从夏寄主向冬寄主迁飞,一般在10月中旬,天气较冷,蚜虫的夏寄主植株衰老,营养条件变差时期。当有翅蚜占蚜虫总量30％时,7～10天后即5月中旬至6月中旬便是有翅蚜迁飞的高峰期。

(2)**防治方法** ①清除田园周围的杂草、各种残叶、残株,并焚烧;加强田间管理,创造湿润不利于蚜虫滋生的田间小气候。②黄板诱蚜,在潍县萝卜地周围设置黄色板,能大量诱杀有翅蚜。③用银灰色地膜覆盖畦面避蚜。④利用瓢虫、食蚜蝇、草蛉、烟蚜茧蜂、菜蚜茧蜂、蜘蛛、寄生菌等桃蚜的天敌,进行生物防治。⑤药剂防治要尽量在有翅蚜迁飞之前或无翅蚜点片发生阶段进行。可选用具有内吸、触杀作用的低毒农药。喷药时要周到细致,特别注意心叶和叶背面要喷到。可选用40％菊·杀(12％氰戊菊酯,28％杀螟硫磷)乳油或40％氰戊·马拉松乳油2 000～3 000倍液,或21％增效氰戊·马拉松乳油3 000～4 500倍液,或25％菊乐合酯(氰戊菊酯与乐果混配)乳油1 000～1 500倍液均匀喷雾,每隔5～7天喷1次,连喷2～3次。

3. 烟粉虱 烟粉虱俗称小白蛾,属同翅目、粉虱亚目、粉虱科,是近年来我国新发生的害虫。

(1)**危害特点** 世界性害虫,在我国南北方均有发生。潍县萝卜受害表现为肉质根颜色白化、无味、重量减轻,成为白瓤。烟粉虱在热带和亚热带地区1年发生11～15代,在温带地区露地1年发生4～6代。田间发生世代重叠极为严重。在25℃条件下,从卵发育至成虫需要18～30天,成虫寿命2～5天。有人报道,烟粉虱的最佳发育温度为26℃～28℃。成虫羽化后嗜好在中上部成熟叶片上产卵,而在原危害叶上产卵很少。卵不规则散产,多产在叶背面。每头雌虫可产卵30～300粒。

(2)**防治方法** 烟粉虱具有寄主广泛,体被蜡质,世代重叠,繁殖速度快,传播扩散途径多,对化学农药极易产生抗性等特点。因而必须采取综合治理措施,特别是要加强冬季保护地的防治。

①农业防治　棚室栽培,在种植前彻底杀虫,选用无虫苗,通风口覆防虫网。结合农事操作,随时去除植株下部衰老叶片,并带出田外销毁。前茬种植烟粉虱不喜食的蔬菜,如芹菜、蒜黄等较耐低温的蔬菜。在露地,换茬时要做好清洁田园工作,在保护地周围地块应避免种植烟粉虱喜食的作物。

②物理防治　烟粉虱对黄色,特别是橙黄色有强烈的趋性,可在温室内设置黄板诱杀成虫。方法是将纤维板或硬纸板用油漆涂成橙黄色,再涂上一层黏性油(可用 10 号机油),每 667 米^2 设置 30～40 块,置于与植株同等高度。7～10 天后黄色板黏满虫或色板黏性降低时再重新涂油。

③生物防治　丽蚜小蜂是烟粉虱的有效天敌,在保护地潍县萝卜定植后,即挂诱虫黄板监测,发现烟粉虱成虫后,每天调查植株叶片,当平均每叶有烟粉虱成虫 0.5 头时,进行第一次放蜂,每隔 7～10 天放蜂 1 次,连续放 3～5 次,放蜂量以蜂虫比为 3∶1 为宜。放蜂的保护地要求白天温度保持 20℃～35℃,夜间温度不低于 10℃,具有充足的光照。可以在蜂处于蛹期时(也称黑蛹)时释放,也可以在蜂羽化后直接释放成虫。如放黑蛹,只要将蜂卡剪成小块置于植株上即可。此外,释放中华草蛉、微小花蝽、东亚小花蝽等捕食性天敌对烟粉虱也有一定的控制作用。

④化学防治　定植后,应定期检查,当每叶有 5～10 头成虫时及时进行药剂防治。每公顷可用 99%溴氰菊酯乳油(矿物油)1～2 千克,或 6%绿浪乳油(烟碱＋百部碱＋楝素)或 40%阿维·敌敌畏乳油 750 毫升,或 25%噻嗪酮可湿性粉剂 500 克,或 10%吡虫啉可湿性粉剂 375 克,或 20%甲氰菊酯乳油 375 毫升,或 1.8%阿维菌素乳油或 2.5%氯氟氰菊酯乳油 250 毫升,或 25%噻虫嗪水分散粒剂 180 克对水 750 升均匀喷雾,每隔 7～10 天喷 1 次,连

喷2～3次。在密闭的大棚内可用敌敌畏等烟剂按推荐剂量杀虫。在进行化学防治时应注意轮换使用不同类型的农药,并要根据推荐浓度,不要随意提高浓度,以免产生抗性和抗性增加。同时,还应注意与生物防治措施的配合,尽量使用对天敌杀伤力较小的选择性农药。

(二)钻蛀类害虫

钻蛀类害虫主要指菜螟,以幼虫潜食叶肉或钻蛀叶柄或钻蛀生长点及至髓部。菜螟别名剜心虫、钻心虫、萝卜螟,属鳞翅目螟蛾科。

1. 危害特点　主要危害萝卜、白菜、甘蓝、花椰菜、油菜、芜菁等十字花科蔬菜,尤其是秋播萝卜受害最重。常危害幼苗心叶及叶片,受害幼苗因生长点被破坏而停止生长,或萎蔫死亡,造成缺苗断垄,并且可传播软腐病。

菜螟在北京、山东等地1年发生3～4代,老熟幼虫在避风、向阳、干燥温暖的土内吐丝,将周围的土粒、枯叶缀合成丝囊,在其内越冬。翌年春暖后在6～7厘米深的土中作茧化蛹。成虫白天隐伏于叶片下或茎基部,夜间活动和羽化。卵多散产于幼苗的心叶、叶柄及外露的根上。幼虫共5龄。幼虫孵化后,多潜入叶表皮下,钻食叶肉,残留表皮,形成小的袋状隧道。二龄以后穿出叶表皮活动,三龄后钻入菜心,吐丝将心叶缠结藏身其中,食害心叶基部和生长点。四至五龄幼虫向上蛀入叶柄,向下蛀食茎髓或根部,形成粗短的袋状隧道,蛀孔显著,并有潮湿的淡黄绿色粪便。离心叶远的初孵幼虫还可吐丝下垂。幼虫有转株危害的习性,1头幼虫可危害4～5株萝卜。

菜螟春、秋两季均有发生,但以秋季危害最重。菜螟一般较适宜于高温低湿的环境条件,温度在20℃以下,空气相对湿度超过

75％时,幼虫即大量死亡。此外,潍县萝卜播种期、前茬和地势高低与菜螟发生轻重也有关,前作是十字花科蔬菜,往往受害较重;土壤干燥和干旱季节,菜地灌溉不及时,也有利于菜螟的发生。

2. 防治方法　①因地制宜调节播期。在菜螟常年严重发生危害的地区,应按当地菜螟幼虫孵化规律适当调节播期,使最易受害的2～4叶期幼苗与低龄幼虫盛期错开,以减轻危害。潍县萝卜应在不影响质量的前提下秋季适当迟播,可减轻危害。②在间苗、定苗等农事操作时,如发现潍县萝卜心叶被丝缠住,可随手捕杀。③及时喷药毒杀。在幼苗出土后,检查菜螟卵的密度和孵化情况,在卵盛期或初见心叶被害和有丝网时喷药毒杀,可每隔7天喷1次,连喷2～3次,注意药剂要喷在菜心内。可选用90％晶体敌百虫1 000～1 500倍液,或80％敌敌畏乳油1 000倍液,或50％辛硫磷乳油2 000～3 000倍液,或2.5％溴氰菊酯乳油3 000倍液,或20％氰戊菊酯乳油3 000～4 000倍液喷雾。

(三)食叶类害虫

食叶类害虫系指菜蛾、菜粉蝶、甜菜夜蛾等,它们食叶成缺刻或孔洞,以至影响潍县萝卜生长,降低产量。

1. 菜蛾　菜蛾又名小菜蛾、方块蛾、两头尖小青虫,亦称钻石背蛾,幼虫俗称吊死鬼。属鳞翅目菜蛾科昆虫。

(1)危害特点　菜蛾全世界已知约有200种,为小型蛾类。最常见小菜蛾是蔬菜的重要害虫,分布全世界。对白菜及十字花科蔬菜危害颇大。菜蛾主要是幼虫危害,幼虫共4龄,初孵幼虫一般在4～8小时内钻入叶片上下表皮之间啃食叶肉或在叶柄、叶脉内蛀食成小隧道,一龄末至二龄初从隧道钻出,也有个体多次潜叶。二龄后不再潜叶,多数在叶背面危害,取食下表皮和叶肉,仅留上表皮呈透明斑点,俗称"开天窗"。四龄幼虫则蚕食叶片呈空洞和缺刻,严重时1株聚集上百头,将叶肉及上下表皮一起食尽,仅留叶脉,是主要的危害虫期。

小菜蛾一般1年发生3~6代。北方地区以蛹越冬,4~5月份羽化。卵多产于叶背面靠近叶脉有凹陷的地方。菜蛾的发育适温为20℃~23℃。秋季较春季危害严重。

成虫昼伏夜出,白天隐藏于植株隐蔽处或杂草丛中,白天只有在受到惊扰时,才在株间做短距离飞行。日落后开始取食、交尾、产卵等活动,尤以午夜前后活动最盛。成虫有趋光性,对黑光灯趋性强,一般温度在10℃以上即可扑灯,夜间7~9时扑灯最多。成虫飞翔力不强,但可借风力做较远距离飞行

(2)防治方法

①农业防治 避免与十字花科蔬菜周年连作,秋季栽培时选择离虫源远的田块,收获后及时清除残株落叶进行翻耕,可消灭大量虫口。

②物理防治 一是灯光诱蛾。在菜地安装20瓦黑光灯,灯的位置高出地面33厘米左右,每667米² 置1盏灯,点灯时间为8月中旬至11月中旬。二是性诱剂诱蛾。应用人工合成的小菜蛾性诱剂,每个诱芯含性诱剂50微克,诱剂有效期可达30天左右。性诱剂诱杀的方法为用1个口径较大的水盆,盆内盛满水,加入少量洗衣粉,把诱芯吊在水盆上方,距水面1厘米左右,每天傍晚放置,清晨收回。一般可使用20~30天。

③生物防治 可用每克含100亿个活孢子的苏云金杆菌制剂500~1 000倍液喷施。保护天敌,或人工饲养后释放天敌控制菜蛾。

④药剂防治 菜蛾对化学药剂易产生抗性,因此要经常更换不同品种的农药,也可采用化学农药与生物农药交替使用的方法。可选用5%氟啶脲乳油2 000倍液,或5%氟虫腈胶悬剂3 000倍液,或10%氯氰菊酯乳油3 000倍液,或2.5%溴氰菊酯乳油

2 000~3 000 倍液,或 25%喹硫磷乳油 2 000 倍液,或 50%丁醚脲可湿性粉剂 2 000 倍液均匀喷雾,每隔 7~10 天喷 1 次,连喷 2~3 次。

2. 菜粉蝶　菜粉蝶又称菜青虫,又名青虫、菜虫,属鳞翅目粉蝶科。

(1)危害特点　菜粉蝶为世界性害虫,主要危害十字花科蔬菜。幼虫咬食寄主叶片,二龄前仅啃食叶肉,留下一层透明表皮,三龄后蚕食叶片成孔洞或缺刻,严重时叶片全部被吃光,只残留粗叶脉和叶柄,造成绝产,还易引起萝卜软腐病的流行。菜青虫取食时,边取食边排出粪便污染。幼虫共 5 龄,三龄前多在叶背危害,三龄后转至叶面蚕食,四至五龄幼虫的取食量占整个幼虫期取食量的 97%。

菜粉蝶以蛹越冬,翌年春 4 月初开始陆续羽化,边吸食花蜜边产卵,以晴暖的中午活动最盛,寿命 2~5 周。在山东省 1 年发生 5~6 代,越冬代成虫 3 月间出现,以 5 月下旬至 6 月份危害最重,7~8 月份因高温多雨,天敌增多,寄主缺乏,虫口数量显著减少,9 月份虫口数量回升,形成第二次危害高峰,潍县萝卜生长期正处在菜青虫第二次危害高峰期。菜青虫已知天敌在 70 种以上,卵期寄生性天敌有广赤眼蜂等。

(2)防治方法　①上茬蔬菜收获后,及时清除田间残株老叶,减少菜青虫繁殖场所,消灭部分蛹。②注意天敌的自然控制作用,保护广赤眼蜂、微红绒茧蜂、凤蝶金小蜂等天敌。③在菜粉蝶发生盛期,用每克含活孢子数 100 亿个以上的苏云金杆菌可湿性粉剂 800 倍液喷雾。④低龄幼虫发生初期,喷洒菜粉蝶颗粒体病毒每 667 米^2 用 20 幼虫单位,对菜青虫有良好的防治效果,喷药时间最好在傍晚。⑤幼虫发生盛期,可选用 20%灭幼脲悬浮剂 800 倍液,或 10%顺式氯氰菊酯乳油 1 500 倍液,或 50%辛硫磷乳油 1 000 倍液,或 20%氰戊菊酯乳油 2 000~3 000 倍液,或 21%增效氰戊·马拉松乳油 4 000 倍液,或 90%敌百虫晶体 1 000 倍液均匀喷雾,每隔 7～10 天喷 1 次,连喷 2～3 次。

3. 甜菜夜蛾 甜菜夜蛾又称白菜褐夜蛾,属于鳞翅目夜蛾科。

(1)危害特点 甜菜夜蛾是世界性分布、间歇性大发生,以危害蔬菜为主的杂食性害虫。受害最严重的作物有甜菜、玉米、白菜、萝卜、菠菜等。甜菜夜蛾在华北地区 1 年发生 4～5 代,主要以蛹在土壤中越冬。成虫白天隐藏在作物枝叶下,夜间进行取食、交尾、产卵,对黑光灯有较强的趋性。卵多成块产在叶背面,卵块上覆盖有白色鳞毛。幼虫孵化后即在卵块附近的叶背面群集危害,啃食叶肉,只留下表皮,形成透明的孔;二龄后开始分散危害,食叶成空洞或缺刻;三龄后,分散危害,食量大增,食叶量占幼虫总食叶量的 90%以上,严重时,可吃光叶肉,仅留叶脉,甚至剥食茎秆皮层。幼虫可成群迁飞,稍受振扰吐丝落地,有假死性。大龄幼虫对光敏感,具负趋光性。在 7～9 月份,白天均潜入土中,取食多在夜间进行。幼虫一般 5 龄,幼虫期 11～39 天,老熟后做土室化蛹,蛹期 10～11 天。甜菜夜蛾是喜温而又耐高温的害虫,高温干旱有利于大发生。高温、干旱年份,常和斜纹夜蛾混发,对叶菜类危害甚大。

(2)防治方法

①农业防治 甜菜夜蛾的卵成块,表面覆盖有白色的鳞毛易于识别,结合田间管理,及时摘除卵块和虫叶,集中消灭。三龄前的幼虫多集中在叶上危害,比较集中,可实施人工捕捉防治。由于大龄幼虫有白天潜入土中及老熟幼虫入土化蛹的习性,应保持田间土壤湿润,创造不适于其生存的环境条件。

②药剂防治 发现初孵幼虫时,立即将药剂喷到叶背面及下部叶片。可选用 10%氯氰菊酯乳油 2 000～3 000 倍液,或 40%丙溴磷乳油 1 000 倍液,或 5%氟啶脲乳油 1 000～2 000 倍液,或 5%

氟虫腈胶悬剂3 000～4 000倍液,或50%丁醚脲可湿性粉剂2 000～3 000倍液,或10%虫螨腈胶悬剂2 000倍液均匀喷雾,每隔7～10天喷1次,连喷2～3次。

(四)地下害虫

地下害虫主要是指危害虫态在地下的一类害虫,如地老虎、蛴螬等。

1. 地老虎 地老虎又叫地蚕、土蚕、切根虫、夜盗虫等,属鳞翅目夜蛾科切根夜蛾亚科,我国已发现170多种。

(1)危害特点 危害萝卜的有小地老虎和黄地老虎,危害严重的是小地老虎。地老虎为多食性害虫,主要以幼虫危害萝卜幼苗,将幼苗近地面的茎部咬断,使整株死亡,造成缺苗断垄。小地老虎在我国1年可发生2～7代,有迁飞习性。小地老虎和黄地老虎对黑光灯均有趋性,对糖酒醋液的趋性以小地老虎最强。三龄前的幼虫多在土表或植株上活动,昼夜取食叶片、心叶、嫩头、幼芽等部位,食量较小。三龄后分散入土,白天潜伏土中,夜间活动危害,常将幼苗齐地面处咬断,造成缺苗断垄。有自残现象。

(2)防治方法 ①早春清除菜田及周围杂草,在清除杂草的时候,把田埂阳面土层铲掉3厘米左右,可有效降低化蛹地老虎数量,防止地老虎成虫产卵。②利用黑光灯诱杀成虫。③配制糖醋液诱杀成虫。糖醋液配制方法:糖6份、醋3份、白酒1份、水10份、90%晶体敌百虫1份调匀,在成虫发生期设置。甘薯、胡萝卜、烂水果等发酵变酸后加入适量药剂,也可诱杀成虫。④每天清晨在被害苗株的周围,捕捉潜伏的幼虫,坚持10～15天有良好效果。⑤播种后在行间或株间撒施毒饵。毒饵配制方法:一是豆饼(麦麸)毒饵。豆饼(麦麸)20～25千克,压碎、过筛成粉状,炒香后均匀拌入40%辛硫磷乳油0.5千克,每667米²用量4～5千克,撒在幼苗周围。二是青草毒饵。青草切碎,每50千克加入40%辛硫磷乳油0.3~0.5千克,拌匀后成小堆状撒在幼苗周围,每667米²用毒草20千克。三是油渣毒饵。用90%晶体敌百虫1.5~2.5千克与2倍炒香的油渣拌匀,撒在幼苗周围可诱杀地老虎、蝼蛄等多种地下害虫。⑥化学防治。在地老虎一至三龄幼虫期,选用48%毒死蜱乳油2 000倍液,或10%高效氯氰菊酯乳油1 500倍液,或2.5%溴氰菊酯乳油1 500倍液,或20%氰戊菊酯乳油1 500倍液地表均匀喷雾,每隔7~10天喷1次,连喷2~3次。

2. 蛴螬 蛴螬是金龟甲的幼虫,别名白土蚕、核桃虫。危害蔬菜的主要有东北大黑鳃金龟、华北大黑鳃金龟、铜绿丽金龟、暗黑鳃金龟。

(1)危害特点 蛴螬是世界性的地下害虫,全国各地均有发生,一般同一地区多种蛴螬混合发生。按其食性可分为植食性、粪食性、腐食性3类。其中植食性蛴螬食性广泛,危害多种作物和花卉苗木,喜食刚播种的萝卜种子、肉质根及幼苗,危害很大。蛴螬是一类生活史较长的昆虫,一般1年发生1代,也有的2~3年发生1代,长的5~6年发生1代。蛴螬共3龄,一、二龄期较短,三龄期最长。幼虫和成虫在土中越冬,成虫即金龟子,白天藏在土中,晚上8~9时进行取食等活动。蛴螬有假死和负趋光性,同时对未腐熟的粪肥有趋性。成虫交尾后10~15天产卵,卵产在松软湿润的土壤内,以水浇地最多,每头雌虫可产卵100粒左右。幼虫在地下活动与土壤温湿度关系密切,当10厘米地温达5℃时开始上升地表,13℃~18℃时活动最盛,23℃以上则往深土中移动,至秋季地温下降到其活动适宜范围时,再次移向地表活动。

(2)防治方法 蛴螬种类多,在同一地区同一地块,常为几种蛴螬混合发生,世代重叠,发生和危害时期很不一致。生产中只有在普遍掌握虫情的基础上,根据蛴螬种类、密度和作物播种方式等,做好预测预报,调查和掌握成虫发生盛期,因地因时采取相应的综合防治措施,才能收到良好的防治效果。

①农业防治 精耕细作,及时镇压土壤,清除田间杂草。发生严重的地区,秋冬翻地可把越冬幼虫翻到地表使其风干、冻死或被天敌捕食、机械杀伤。同时,应避免使用未腐熟有机肥料,以防招引成虫产卵。

②物理方法 有条件地区,可设置黑光灯诱杀成虫,减少蛴螬的发生数量。

③生物防治 利用茶色食虫虻、金龟子黑土蜂、白僵菌等天敌,进行生物防治。

④化学防治 一是药剂处理土壤。每 667 米² 用 50％辛硫磷乳油 200～250 克,加水 10 倍喷于 25～30 千克细土上拌匀制成毒土,顺垄条施,随即浅锄,或将毒土撒于种沟或地面,随即耕翻或混入厩肥中施用;用 5％辛硫磷颗粒剂或 5％二嗪磷颗粒剂,每 667 米² 2.5～3 千克处理土壤。二是药剂拌种。用 50％辛硫磷与水和种子按 1∶30∶400～500 的比例拌种,还可兼治其他地下害虫。三是毒饵诱杀。每 667 米² 用 25％辛硫磷胶囊剂 150～200 克拌谷子等饵料 5 千克,或 50％辛硫磷乳油 50～100 克拌饵料 3～4千克,撒于种沟中,亦可收到良好的防治效果。

第六章 潍县萝卜制种技术

在 20 世纪 80 年代以前,潍县萝卜一直是农民自繁自种。由于制种没有进行严格选择,科研单位也没有注重单株提纯复壮和保纯等选育工作,致使潍县萝卜种子混杂和退化严重,加之农民种植方式粗放,导致潍县萝卜品质下降。主要表现为:叶片增多,原来的小顶小缨变大,根部收尾变粗,须根增多;肉质根瓤色变白,出现空心、黑心、红心,脆度下降,失去了原来的清香味道,原品种的典型性状几乎找不到。

20 世纪 80 年代以后,为恢复潍县萝卜地方名优品牌,提高潍县萝卜的品质和抗病能力,山东省潍坊市农业科学院专门成立了潍县萝卜选育攻关课题组,负责潍县萝卜品种资源的征集、提纯复壮及良种保纯。成功选育出了潍县萝卜小缨、大缨和二大缨 3 个类型的标准株系,并在二大缨品系的基础上,选育出了品质优良的抗病高产、耐糠心和晚抽薹 3 个新品系,满足了当地保护地和露地种植需要。

一、潍县萝卜的采种方法

(一)制种原则

在潍县萝卜制种过程中不断吸取经验、教训,总结出了"四个坚持,一个提高,三条原则"的制种管理制度。

1. 四个坚持 ①坚持潍县萝卜材料和原原种、原种必须选择成株繁殖,大田制种必须采用半成株采种。②坚持原种在纱网棚内隔离繁殖,收获后进行田间纯度鉴定,纯度达100%方可做原原种用。③坚持原种1年扩繁连续使用3～5年,以保证种子的性状稳定和整齐度。④坚持制种的规范化管理,做到1个区域只繁殖1个品种,并于苗期、冬前种株贮藏前、翌年春天定植前进行严格去杂,保证留种植株大小、色泽整齐一致。

2. 一个提高 即提高制种过程的产前、产中和产后技术服务质量,做到技术指导落实到每一个制种点、每一个制种户,并且要具体到田间地头。

3. 三条原则 为了提高种子质量,在潍县萝卜制种过程中严格执行3条原则。①严格选择隔离区。潍县萝卜制种的隔离距离要控制在1 000米以上,即在方圆1 000米范围内绝对不能种植任何萝卜等易杂交的同属作物。②辅助授粉。在潍县萝卜制种田开始授粉时,要求每667米²制种田放养1箱蜜蜂进行辅助授粉,以提高制种产量。同时,应在开花初期向花朵喷洒1%～2%的白糖溶液,吸引外界昆虫辅助授粉。③在植株长至20厘米左右时,及时打去主薹3～5厘米,以促进一、二级有效分枝开花结实,也可以把整个主薹打去,使养分集中供应有效分枝。

(二)采种方法

潍县萝卜的采种方法主要有成株采种法、半成株采种法2种。

1. 成株采种法 成株采种法又称母株采种法,即秋季适期播种,冬季将种株选优去杂,用沟窖埋藏,翌年开春10厘米地温稳定在5℃以上时,定植于采种田。种株生长前期,适当控制浇水,多次中耕,抽薹后和盛花期可进行追肥并浇水。此采种法种株经过严格的商品期选择,种子质量好而且可靠;缺点是成本太高,一般用于潍县萝卜的原种繁殖。

(1)单株选择法 根据选种目标选择单株并分别编号,分别贮藏,分别隔离授粉,分别采收种子,各单株种子不得混合,以后每一单株后代分别播种一个小区,以原品种为对照,进行株系间比较,从中选出性状基本稳定、符合选种目标的株系留种。各株系间进行隔离,株系内混合授粉,混合采种,若自交一代性状还不稳定,不符合选种目标,则要在各株系内继续选择优良单株,单独授粉,单独采种,一直到符合选种目标,性状稳定为止。

(2)混合选择法 就是选择符合目标、性状相似的单株混合留种,混合贮藏,混合授粉,混合采种。对选出的后代,与原品种及当地的主栽品种进行对比试验,选出符合选种目标、综合性状超过对照的后代,直接应用于生产,并且以后还可以继续进行多代混合选择。此方法属于表现型选择法,优良的显性基因性状得到了选择,而对于某些不良的隐性基因较难进行选种淘汰。生产中应与单株选择法相结合,灵活应用。

2. 半成株采种法 半成株采种又称中株采种法。半成株采种比成株采种应晚播种 20～30 天,在冬前收获时,肉质根未充分肥大。半成株采种法由于播种期晚,可避开前期高温多雨等不良因素的影响,植株病害少,肉质根耐贮藏,具有较强的生活力,种子产量高,一般每 667 米^2 可收获种子 100～120 千克。但由于肉质根未充分肥大,品质的特征特性未充分表现,不能对种株充分选择,容易混入不纯种株,从而引起品种混杂,种性退化,较适用于生产用种的繁殖。为了保证种子质量,不能连续采用半成株采种,必须用成株采种法采收的种子,作为半成株采种的原种。

3. 留种制度 潍县萝卜的良种繁育多采用原种和生产用种的二级留种制度。原种的生产应选用经过提纯复壮的优质种子并采用成株采种法。生产用种的繁殖用原种进行,采种方法可用半成株采种法,这种采种法适用于春萝卜、夏秋萝卜和秋冬萝卜的种子生产。

(三)原种培育方法

潍县萝卜是异花授粉作物,对已混杂退化的品种,采用多次混合选择法获得原种(图 6-1)。

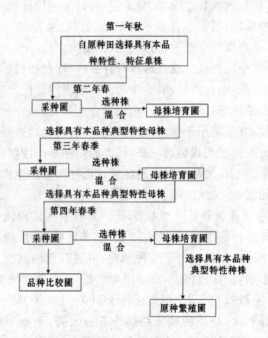

图 6-1 潍县萝卜原种生产示意图
(引自《中国萝卜》汪隆植、何启伟)

1. 选择母株 母株来自原种繁殖田或从纯度较高、生长健壮的生产田中选择。根据所繁殖品种的特征特性选择母株,潍县萝卜主要选留顶小、叶少、须根稀、尾根细、形正、色纯、大小均匀、表皮光滑、不空不裂的优良母株。同时还要注意叶片的典型性和母株的耐贮性。以收获前株选为主,同时要做好定植和出窖时的选择。选择株数的群体不要太小,以利于品种的种性稳定。

2. 采种圃 入选母株经冬贮后栽植采种圃。原种田与不同品种的隔离距离要达到 2 000 米以上。3月上中旬,选择 50～100 个典型性最强的优良母株栽于采种圃中心部位,然后再栽植其余母株。角果变黄时从中心母株上采收种子,作为原种秋播于原种培育圃,其余种子供良种田繁殖用。

3. 原种培育圃 原种培育圃主要是恢复和提高原品种的优良性状。为了充分发挥种株的优良特性,要提供较大的营养面积和较高的管理技术。一般 8 月中下旬播种,11 月上旬选择标准株留母株,翌年春季在采种棚中混合栽植。

4. 原种比较试验 测定原种的纯度及增产效果。选择肥力均匀地块,田间管理要求一致,并与生产田水平相同。采用大区对比法,不设重复,以原品种群体为对照,观察比较整齐度、抗病性和产量性状差异。达到要求后,进行原种繁殖。

二、潍县萝卜品种退化与提纯复壮

(一)品种退化的原因

萝卜属异花授粉作物,变种及品种间采种期间隔离不当极易发生天然杂交,而发生变异。潍县萝卜栽培历史悠久,在长期的良种繁育过程中,难免发生天然杂交。由于生产体制不健全,缺乏系统的提纯复壮工作,致使潍县萝卜品种,发生了不同程度的混杂退化,影响了种性的发挥和繁育推广;再加上部分农户科学意识淡薄,使用种子多是自繁自用,经多年栽培后,造成了潍县萝卜品种种质退化、品质下降、生活力减弱、抗性能力消失等。品种退化原因有以下几种。

1. 发育学上的变异　如果不同世代的种子生产在不同环境条件下进行,由于土壤肥力、气候、光周期、海拔高度等条件不同,不同的世代间便会产生发育学上的差异而造成品种退化。减少此类变异的最好方法是将种子生产地设在该品种最为适宜的地区。

2. 机械混杂　在潍县萝卜种子收获、脱粒、晾晒、加工、包装、贮藏运输等过程中,混入其他萝卜品种的种子,这是引起品种退化的重要原因,并且还会进一步引起生物学混杂。防止机械混杂必须科学地安排种子生产地,加强种子生产全过程的管理,并在种子加工过程中严格执行操作规程。

3. 生物学混杂　潍县萝卜为异花授粉作物,自然杂交率在50%以上,在繁殖的过程中由于没有对其他萝卜品种或近缘种类的花粉进行严格隔离,在后代中出现了一些非目的的杂合个体,这些杂合个体又导致此后世代的分离和重组,使原萝卜品种群体的遗传结构发生很大的改变,造成与其他萝卜品种的生物学混杂。防止此类混杂的主要措施是在潍县萝卜种子生产的过程中实行严格隔离。

4. 自然突变　在潍县萝卜品种繁育过程中,由于自然界各种理化因素的综合影响会发生或多或少的自然突变。尽管对表现型影响大的突变发生的几率不高,但微小变异的频率却相当高,当微小变异积累到足以引起基因分离和重组时,便会加快品种的退化,以至丧失原品种的典型性。

5. 品种本身的遗传性变化　潍县萝卜是异花授粉作物,其群体的基因型组成不可能是纯一的,总存在一些微小的遗传变异。在以后潍县萝卜种子生产中,这些变异有可能经选择而得以消除,也可能不被消除而积累和发展,从而影响品种的遗传纯度,引起潍县萝卜品种的混杂和退化。

6. 病害的选择性影响　一个品种常常对育种计划以外的病害或某一病害的新生理小种不具抗性,在病害的影响下会失去其原有的优良特性,表现明显地退化。在潍县萝卜种子生产中要尽量获得不带病的种子,为此要加强对各种病害的监测和鉴定工作,尽可能在无病害的条件下进行潍县萝卜种子生产。

7. 不良的育种及采、留种技术　在潍县萝卜种子生产过程中,若未进行严格的选择和淘汰混杂劣变的植株,结果必然导致品种退化;或虽进行了选择,但选择方法不佳或标准不当,如过于重视潍县萝卜肉质根的大小而忽视了性状的典型性和一致性,或忽视了对原种育性的监测与鉴定,或连年用小株种子繁殖,或以病株留种,或留种植株过少而导致遗传变异等,都有可能导致不同程度的品种退化。此外,在不适宜的自然条件下留种或种子生产中栽培技术不当,均会导致品种退化。

(二)品种纯度的保持

1. 严格控制种子来源　控制种子来源的根本方法在于严格实现种子分级繁殖制度。我国新种子法明确规定,蔬菜种子分为原原种、原种及良种 3 级。种子分级繁殖方法是:由育种单位控制提供原原种;由各级原种场或授权的原种基地负责繁殖提供原种;由专业的生产部门或农户生产良种。这样,不但能做到统一供种,而且有利于实现种子生产的专业化和种子质量的标准化,也是种子生产中保持品种遗传纯度的关键环节。

2. 严格隔离　对于潍县萝卜这类异花授粉作物,在种株或采种地区采用严格的隔离措施是防止生物学混杂的重要途径。隔离方法通常有机械隔离、花期隔离和空间隔离。

机械隔离是在植株开花前,用羊皮纸袋遮套花序,或直接将待繁殖的植株种在网罩、网棚、网室及塑料大棚内进行隔离采种。这种方法主要应用于少量原原种的繁殖或原始材料的保存。采用机械隔离方法,由于隔离物对植株的生长有一定的影响,会导致结实率降低。因此,应在棚内进行人工辅助授粉或放入蜂蜜等昆虫辅助授粉,在开花授粉结束后及时去袋。

花期隔离即采取分期播种、分期定植、春化或光照处理、摘心、整枝等措施,使不同品种的花期前后错开而达到隔离的目的。这种方法比较省工,成本低,采种量也较大,可用于生产用种的繁殖。这种方法的缺点在于萝卜不同品种的花期很难完全错开。萝卜种子寿命较长,生产中可采用不同品种分年种植的方法以做到有效隔离。

空间隔离是将不同品种的种子生产地,人为地隔开一定的距离,以防止非目的性杂交。这种方法不需要任何机械隔离设施,也无须采取任何调节花期措施,常常为大面积的良种繁殖所用。为了达到有效的隔离,必须有一定的隔离距离,在潍县萝卜的原种生产上隔离距离最好为2 000米以上,生产用种的生产隔离距离至少要在1 000米以上。

3. 合理选择和留种 潍县萝卜种子生产田里,由于各种原因的混杂会有少量杂种存在,必须及时地通过选择进行种株的去杂去劣,以保证繁殖品种的纯度。选择应连续、定向逐代进行,最大限度地保持品种的典型性。在潍县萝卜原种生产中必须严格进行株选,生产用种的繁殖在去杂去劣的基础上进行筛选。田间选择应在品种特征特性易于鉴别的关键时期分阶段多次进行,以保证种株各生育阶段的特征特性能符合原品种的典型性。小株留种的播种材料必须是高纯度的原种,其繁殖获得的种子只能作生产用种,而原种种子只能由成株留种获得。在潍县萝卜原种生产中选留的种株应不少于50株,并避免来自同一亲系,以免群体内遗传基础贫乏,而导致生活力降低和适应性减弱。

4. 严格执行种子收获和加工等操作规程 这是防止机械混杂的主要措施。一是留种田要尽可能采用轮作,以免发生前后作间的天然混杂。二是在潍县萝卜种子收获和加工过程中要彻底对使用的容器、运输工具及加工用具等进行清洁,以清除残留的种子。三是种子堆放和晾晒时,不同的品种一定要分开较大的距离。四是在包装、贮藏运输及种子处理时,一定要附上标签,注明品种的名称、产地及种子的等级、数量和纯度。

(三)种子的提纯复壮

潍县萝卜种子的提纯复壮是保持其种性、提高品质的基础。若不及时提纯复壮,或遇到病虫害,很可能就由青瓤变成白瓤,种性退化而失去原品种标准性状。提纯复壮一般采用母系选择法。

秋季潍县萝卜在收获时选择具有本品种特征特性的优良单株若干株作为种株,直接定植到制种田越冬或贮藏后翌年春经筛选定植到采种田,行距 50 厘米、株距 30 厘米。开花后在隔离条件下分株采种。秋季分株种植,建立母系圃,收获时进行比较观察,淘汰不良母系,将系内和系间整齐一致的优良母系的种株收在一起,定植到采种田,在隔离条件下采种。每个母系的种子混合留种,经秋季种植检验合格后方可用作原原种或原种。

1. 主要选种环节与选种标准 为了迅速获得潍县萝卜品种的抗病、优质、丰产标准品系,潍坊市农业科学院潍县萝卜课题组根据该品种特征和有关性状的分析,从潍坊市潍城区的北宫、东夏庄村,寒亭区的河滩镇、郭家官庄街办及昌邑、安丘等地搜集了各地自留种子保存的潍县萝卜材料 48 份。在 2000 年秋季进行了比较试验,并进行了株选。试验共设 48 个小区,每个小区面积 10 米^2,分别对潍县萝卜中的大缨、二大缨、小缨进行了归类处理。根据外观、水浸、切口、含糖量、根肉颜色等性状严格挑选了 64 个优良萝卜成株,分为大缨、小缨和二大缨 3 个品系进行提纯。对入选的每一个单株,在 2001 年春季进行隔离留种,形成株系。翌年秋季对每一个株系分别种植,再按照外观、水浸、切口、品质、贮存后的风味变化等性状,严格挑选了 24 个单株(其中大缨 4 个、二大缨

12个、小缨8个),继续进行单株隔离留种。如此经过4代选择,在2004年春季,基本稳定了二大缨、小缨2个品系。由于小缨抗病性差、产量低,生产上应用很少;而大缨品种不宜生食,生产上种植较少,只能作为种质资源保存利用。目前生产上主要推广的是二大缨品种。

2. 提纯复壮效果 经过多年提纯复壮研究,我们不但保纯了潍县萝卜大缨、二大缨和小缨三大品系,重点选育提纯了适于生产中大面积推广应用的二大缨3个新品系。

(1)优质、抗病、高产新品系 特点是植株生长旺盛,花叶,叶丛较大,叶色浓绿油亮,萝卜肉质根长圆柱形,一般长26~28厘米、横径5~6厘米,表皮深绿无光泽,肉质根头部较小,尾根较细,脆甜可口,稍有辣味,口感好。

(2)优质、抗抽薹新品系 特点是植株生长旺盛,花叶,叶片数明显多于高产抗病品系,叶色浓绿油亮,萝卜肉质根标准长圆柱形,一般长26~28厘米、横径5厘米左右,表皮深绿无光泽,肉质根头部较小,尾根较细。由于该品系抗抽薹能力强,栽培时生长期可适当延长,种子一般用于早春保护地栽培,但产量略低,辣味较淡。

(3)优质、耐贮(耐糠心)新品系 特点是植株生长势中等,花叶,叶色较绿,萝卜肉质根较粗短,一般长24~26厘米、横径6厘米左右,表皮深绿无光泽,肉质根头部较小,尾根较细。该品系耐糠心能力强,但口感没有以上2个品系好,果实硬,辣味较浓。

3个新品系共同特点:抗病,增产,植株性状整齐一致,品质有所改良。经提纯复壮的二大缨品系根形标准,成品率达88%以上,较未经提纯复壮的品种(对照种)成品率提高25%以上;根肉翠绿者占95%以上,较对照增加21.5%;肉质根可溶性固形物含量较对照增加0.5%;单位面积产量提高11.7%。

经提纯复壮后的潍县萝卜除具有肉质根出土部分多、尾根小、皮较薄、皮色深绿、肉色翠绿等优良的外观品质特征之外,还具有优良的内在品质特征。据化验测定：潍县萝卜肉质根中还原糖含量为 3%～3.5%，可溶性固形物为 6%～7%，维生素 C 含量达 25 毫克/100 克，含淀粉酶 260～280 单位，水分达 92% 左右。另外，还富含钙、铁、硒和芥子油等成分。

三、潍县萝卜原种保持与种子生产

（一）原种保持

在潍县萝卜原种选育的过程中，根据种性保持的要求和生产的实际情况，制定了潍县萝卜原种保纯工作的技术操作规程。

1. 土壤选择 潍县萝卜原种繁殖应选择土质肥沃、疏松、排灌方便的田块作苗圃。

2. 播种前准备 播种前按制种面积的 1/3 准备苗圃地，精耕细耙，施足基肥，按包括畦埂 1.5 米的宽度开畦整地。

3. 播种

（1）播种时间 8 月下旬至 9 月上旬为宜。

（2）播种方式 条播。

（3）播种程序 按 20～25 厘米行距做播种沟，沟深 2 厘米，在播种沟中浇足底水，将种子均匀播入，再覆盖一层约 2 厘米厚的碎土或腐熟的土杂肥。

（4）苗期管理 ①出苗后要及时检查子叶苗根系入土情况，对根系外露的子叶苗要及时加盖碎土，并用喷壶喷水 1 次，以使子叶苗根系接上底潮，待水分风干后应及时喷杀虫剂，以防曲条跳甲、小菜蛾、蚜虫危害，以后每隔 7～10 天喷 1 次。②在连续晴天的情况下，每隔 3～5 天喷水 1 次，心叶长出后每隔 15～20 天追施 1 次三元复合肥，一般每次每 667 米^2 施 15～20 千克。③立冬前后天气降温即可收获种株,进行越冬贮藏。收获前先除去苗圃中叶形、叶色异常的个体,再将所有种株拔起,除去根形、皮色不符合本品种特征的个体,并切去叶冠,保留长1~2厘米的叶柄。将整理好的种株放入宽1米、深1米的贮藏沟内,要一层萝卜一层土,摆放种株的厚度不要超过60厘米。

(二)种子生产

提高潍县萝卜的整体品质,在加强潍县萝卜提纯复壮,优化种源的同时,还应加强推广潍县萝卜标准化、规模化种子生产技术规程。

1. 隔离区的安排　潍县萝卜制种田应选择有隔离条件的地方,以防止生物学混杂,一般自然隔离,原种2 000米,良种1 000米以上。因此,在安排潍县萝卜制种时必须与距离制种田2 000米以内的农业单位及广大农户达成协议,保证在该范围内不安排萝卜类作物留种。如无隔离条件,可采用保护地栽培、提前定植、套防虫网等方法隔离。

2. 定植前的准备　地块应选择肥沃、土层深厚的壤土或沙壤土,保水透气,水源充足,前茬为豆类、瓜类、玉米地为好。所选地应进行秋翻,在冬季充分冻垡、晒垡,定植前将地耙平整好。

制种田宜选择排水状况良好、灌溉设施齐全的地块,每667米^{2}施腐熟农家肥5 000千克,三元复合肥25千克作基肥,精耕细耙。

3. 定植　一般在3月上中旬定植。定植前挑选无病的潍县萝卜种株,用40%辛硫磷乳油1 000倍液,浸泡15~20分钟,按行距50厘米、株距30厘米定植,定植后5日内浇定根水。

4. 摘顶心　在植株长到20厘米时,及时摘去植株主薹顶心,促进下部侧枝萌发。重摘心一般不会影响种子产量。

5. 开花前的田间管理 潍县萝卜种株成活后长出新叶，移栽时留下的叶柄会自动脱落，要及时摘除，以免引起种株腐烂。结合松土对种株进行培土，以防肉质根外露发生冻害。发现病虫害，应及时喷药防治，并及时中耕除草。每 667 米² 追施尿素 15～20 千克，以促进种株生长，提高抗寒能力。在开花前还应对整个留种群体进行 1～2 次筛选，淘汰不符合本品种特性的单株。

6. 花期田间及隔离区去杂 在潍县萝卜种株抽薹开花前后，要对田间及隔离区内的萝卜属开花植物进行严格检查，发现同类作物抽薹的，必须及时拔除。

7. 花期的田间管理 潍县萝卜种株开花后温度逐渐升高，小菜蛾和蚜虫繁殖加快，须及时防治，应每隔 7～10 天喷 1 次农药，同时搞好划锄中耕保墒，若遇长时间春旱，则宜及时灌水。开花后任其自然授粉或人工放养蜜蜂辅助授粉，当 75％左右有效花序开花授粉结束时，可撤走蜜蜂，蜜蜂授粉期间严禁喷施任何农药，以免伤害蜜蜂和天敌影响授粉。还可采取人工辅助授粉，方法是将 2 根 1 米长、食指粗的竹竿用纱布包裹，并喷水潮湿，一般在上午 10 时至下午 3 时，在田间双手持竹竿，左右摆动花枝，既可驱赶花粉，又可利用纱布上粘的花粉提高授粉率。在盛花期，每隔 7 天喷施 1 次 0.25％硼肥溶液可提高结实率；在末花期，每隔 7 天喷施 1 次 3 克/升的磷酸二氢钾溶液，可提高种子千粒重。

8. 谢花后的田间管理与收获 潍县萝卜种株谢花后应每隔 7～10 天喷 1 次药以防菌核病及蚜虫、小菜蛾，具体方法参见病虫草害防治部分相关内容。遇连续干旱，需灌水 2～3 次。谢花后 35～40 天，种子即已基本成熟，应在晴天及时收割。干旱少雨地区可在收割后风干 2～3 天再堆放 7～10 天脱粒。多雨地区不能堆放，宜割取果枝，放置于种株茬桩上，任其自然干燥，这样遇雨不发霉，遇晴天即能晒干，待种荚干燥后，及时脱粒，可保障种子发芽率及种子颜色不受雨天影响。

四、潍县萝卜种子加工与贮藏

(一)种子加工

潍县萝卜种子成熟收获后,需对种子进行处理和加工,其程序主要包括干燥、清选和包装。

1. 干燥 潍县萝卜种子采收后如不予干燥,湿种子堆放易发热或霉变烂死,有些种子因含水量大,还容易发芽。因此,种子干燥是确保种子安全贮藏、延长使用年限的重要措施。种子经过干燥,不仅可降低种子含水量,还可杀死部分病菌和害虫,削弱种子的生理活性,增强种子的耐贮性。

种子干燥的快慢主要与空气的温度、湿度及空气流动速度有关。如果将种子置于温度较高、湿度较低、风速较大的条件下,干燥速度快,反之则慢。但提供种子干燥的条件必须在确保不影响种子生活力的前提下进行。如刚收获的种子含水量较高,且大部分种子处于后熟阶段,生理代谢作用旺盛,因此在干燥时常采用先低温通风,后再高温的慢速干燥法。否则,即使种子达到干燥的要求,由于种子生活力已受到影响,也就失去了干燥的意义。

种子本身的结构及化学成分对干燥的要求也有所不同。潍县萝卜种子属于油质类种子,种子中含有大量的脂肪,属不亲水性物质,水分比较容易散发,可用高温快速条件进行干燥。但由于种子籽粒小,种皮松脆易破,在高温下易走油。因此,在实际应用时,常采用籽粒与荚壳混晒的方法,这样既可促进干燥,又能减少翻动次数和防止走油。

潍县萝卜种子干燥主要采用自然干燥、太阳干燥以及人工机械干燥 3 种方法。

(1)自然干燥 是指处于成熟期或贮藏期间的种子,由于种子内水汽与空气湿度的差异,自然失去水分的过程。受空气温度、湿度和风速的影响较大。

(2)太阳干燥　方法简易,成本低,经济且安全,一般情况下不易丧失生活力。但有时会受到气候条件的限制,同时必须注意晒前全面清理晒场,以免造成机械混杂。此外,所有蔬菜种子都不宜直接放在水泥晒场上暴晒,以防温度过高,损伤种子。在利用太阳干燥时,要薄摊勤翻,让种子增加与日光、干燥空气的接触面,使种子干燥均匀。

(3)人工机械干燥　也称机械烘干法,具有降水快,工作效率高,不受自然气候条件限制等优点。但人工机械干燥设施较为昂贵,而且技术要求较严格,使用不当种子容易丧失生活力。在有条件的单位,可以借用粮食加工上的烘干设施,但必须选择安全可靠的机械干燥设施。

2. 种子清选　种子的清选直接影响到种子的产量和质量。通过清选把枯枝碎叶、种壳、土块、虫卵等清除干净,从而提高种子的使用价值,减少病虫的传播。潍县萝卜种子清选常用的方法有风扬分离、筛选分离及比重分离。①风扬分离是利用鼓风机使轻的种子与重的种子分离,使种子与较轻的杂质碎屑灰尘等分离。②筛选分离是利用筛孔的大小、形状使种子分层过筛,将夹杂物清除。③比重分离的原理主要是根据种子和夹杂物在密度或比重上的不同来进行分离。根据种子比重的不同,来收集种粒重大的种子,清除较轻的夹杂物。3 种方法可单独使用,也可将 2 种或 3 种方法结合起来使用。目前多使用具备以上 3 种功能的小型精选机进行精选,效果非常理想。

3. 种子的包装　在潍县萝卜种子贮藏、运输及销售等过程中,为了防止品种混杂、变质和病虫危害,保证种子具有旺盛的生活力,应对生产上使用的潍县萝卜种子进行适当的包装。另外,规范的种子包装也有利于增强国内外市场竞争能力,防止假冒伪劣的散装种子坑害菜农。

对种子包装的基本要求,一方面要求包装容器必须防潮、无毒、不易破裂、重量较轻。目前广泛使用的有尼龙编织袋、纸袋、铁皮罐、聚乙烯铝箔复合袋及聚乙烯袋等。尼龙编织袋主要用于大量种子短期贮藏或运输时的包装。铁皮罐适于长期贮藏的原种和原始材料。纸袋、聚乙烯铝箔复合袋、聚乙烯袋等主要用作种子零售的小包装。另一方面要求包装的种子含水量和净度应符合国家标准,并应在包装容器上加印或粘贴与所包装种子相符合的标签,按照国家种子法规定的标准,注明作物和品种名称、采种时间、种子的质量标准、种子数量及栽培技术要点等。

(二)种子贮藏

潍县萝卜种子收获后一般不会立即播种,特别是商品种子往往需要经过一段贮藏时间,因此在贮藏期间内保证种子的生活力也是保证生产需要的必要措施。

在贮藏过程中,有多方面的因素影响种子的生活力。一是种子本身的因素,潍县萝卜种子为中寿命种子(或称常命种子),寿命一般在3年左右。二是贮藏环境的因素,即贮藏期间的温度、湿度及空气成分对贮藏种子的生活力也有决定性的影响,它们是通过影响种子的呼吸而起作用。种子若处于高温、高湿和有氧的条件下,呼吸作用旺盛,加速营养分解消耗并产生大量的热,从而造成种子变质霉烂。如果种子处于高温、高湿和缺氧的条件下,种子被迫进行较强的无氧呼吸,造成有毒物质的积累,从而导致种子中毒而失去发芽力。一般在低温、干燥条件下贮藏可延长种子寿命和使用年限。

此外,潍县萝卜种子在母株上形成时的生态条件、种子收获、脱粒、干燥、加工和运输过程中如果处理不当,或贮藏过程中受病虫危害也会对贮藏种子的生活力造成一定的影响。

第七章 潍县萝卜贮藏技术

一、潍县萝卜贮藏原理

采收后的潍县萝卜作为活的生命个体,主要表现出分解作用,通过呼吸作用直接、间接地联系着各种生化过程,也影响着其耐贮藏性和抗病性。采收适时,采后控制环境条件,保持潍县萝卜的良好品质,主要也是为了保持其耐贮性和抗病性。新鲜潍县萝卜贮藏以维持萝卜个体缓慢而又正常的生命活动为原则。

(一)呼吸作用

呼吸作用是潍县萝卜采后最主要的生理活动,也是生命存在的重要标志。潍县萝卜贮藏保鲜技术措施,应以保证其尽可能低而又正常的呼吸代谢为基础。因此,研究潍县萝卜采后的呼吸作用及其调控,对控制其采后的品质变化、生理失调、贮藏寿命、病原菌侵染、商品化处理等多方面具有重要意义。

1. 呼吸类型 潍县萝卜呼吸作用是指生活细胞内的有机物在酶的参与下,以糖和淀粉为底物,逐步氧化分解并释放出能量的过程。依据是否有氧参加,表现为有氧呼吸和无氧呼吸两种不同的呼吸类型。有氧呼吸是指生活细胞利用分子氧,将某些有机物质彻底氧化分解,形成二氧化碳和水,同时释放出能量的过程。通常所说的呼吸作用,主要是指有氧呼吸,是植物的主要呼吸方式。

无氧呼吸一般是指生活细胞在无氧条件下,把某些有机物分解成为不彻底的氧化产物,同时释放能量的过程。在潍县萝卜贮藏中,不论由何种原因引起的无氧呼吸作用加强,都被看做是正常代谢被干扰、破坏,对贮藏都是有害的。

2. 呼吸强度 呼吸强度是评价潍县萝卜新陈代谢快慢的重要指标之一,根据呼吸强度可估计该产品的贮藏潜力。呼吸强度以单位鲜重、干重或原生质(以含氮量表示)的植物组织单位时间的氧气消耗量或二氧化碳释放量表示。呼吸强度的测定方法有多种,常用的方法有气流法、红外线气体分析仪、气相色谱法等。根据呼吸过程中被吸收的氧或放出的二氧化碳的量(体积或重量),可以了解呼吸的强弱程度,呼吸强度越大,表明被消耗的呼吸基质越多。

3. 呼吸系数 呼吸系数又称呼吸商(RQ),是植物呼吸中吸入的氧气对释放出二氧化碳的容积比(CO_2/O_2)。一般认为:RQ=1时,呼吸底物为碳水化合物且被完全氧化;RQ>1时,缺氧呼吸所占的比重较大;RQ<1时,底物在氧化过程中脱下的氢相对较多,形成水时消耗的氧气多,氧化时所释放的能量也较多。由于呼吸作用的复杂性,测得的呼吸商,也只能综合地反映出呼吸的总趋势,不可能准确指出呼吸底物的种类或缺氧呼吸的强度,所以根据潍县萝卜的呼吸系数判断呼吸的性质和呼吸底物的种类,有一定的局限性。

4. 影响潍县萝卜呼吸的因素

(1)发育阶段和成熟度 幼嫩潍县萝卜处于生长最旺盛的阶段,呼吸强度大,各种代谢过程最活跃。同时,这一时期表层组织尚未发育完全,组织内细胞间隙也较大,气体交换容易,内层组织也能获得较充足的氧气。成熟的潍县萝卜新陈代谢强度降低,表皮组织加厚并变得完整,这些都会阻碍气体交换,使得呼吸强度下降,呼吸系数升高。成熟的潍县萝卜次生木质部薄壁细胞多为长方形或菱形,排列整齐,细胞间隙小,三生结构比较发达,分布较密集,肉质较紧实,耐贮藏。

(2)贮藏温度 温度是潍县萝卜贮藏期影响呼吸作用最重要的环境因素。潍县萝卜收获后,堆放在一起,很容易形成高温,温度升高,酶系统活性加强,因而呼吸强度增高。这种影响在 5℃～35℃范围内最为明显。温度过高一方面可导致酶的钝化或失活,另一方面氧气的供应不能满足组织对氧气消耗的需求,二氧化碳过度的积累又抑制了呼吸作用的进行。同样,呼吸强度随着温度的降低而下降,但是如果温度太低,导致冷害,反而会出现不正常的呼吸反应。因此,在不出现冷害的前提下,潍县萝卜采后应尽量降低贮运温度,且保持贮藏温度的恒定。

(3)空气湿度 空气湿度是潍县萝卜贮藏中影响呼吸作用的重要因素之一,空气湿度低时,潍县萝卜蒸腾萎蔫加速,物质的水解作用加强,积累水解产物从而促进呼吸作用,使潍县萝卜贮藏寿命变短。

(4)气体成分 贮藏环境中氧气和二氧化碳的浓度变化,对呼吸作用有直接的影响。潍县萝卜能耐受较高浓度的二氧化碳,据报道,二氧化碳浓度高达 8％时,也无伤害现象。因此,潍县萝卜适于埋藏。贮藏环境中常积累潍县萝卜自身释放出的某些气体和挥发性物质,如乙醇、乙烯等,这些物质的积累对其呼吸和成熟衰老也有影响。

(5)机械损伤和病虫害 潍县萝卜在采收过程中很容易发生机械损伤,同时病虫害亦容易造成伤口。这些伤口一方面使内部组织直接与空气接触,气体交换加强而促进呼吸,呼吸强度和乙烯的产生量会明显提高;另一方面机械损伤和病菌侵袭都会引起潍县萝卜产生生理上的保卫反应而加强呼吸。

(二)蒸腾作用

潍县萝卜的含水量高达 91%～94%,细胞汁液充足,细胞膨压较大。采收后的潍县萝卜蒸腾作用仍在持续,组织失水通常又得不到补充,就会出现萎蔫、疲软、皱缩,失去新鲜状态。由此会给潍县萝卜贮藏带来一系列的影响,如蒸腾脱水导致糠心,而且也增大自然损耗。

据报道,潍县萝卜在高温低湿条件下损耗率为 12.17%,高温中湿条件下损耗率为 9.09%,低温中湿条件下损耗率为 5.3%,低温高湿中损耗率为 2.01%。可见增高湿度对减少潍县萝卜的贮藏损耗十分重要。因此,贮藏潍县萝卜必须保持低温高湿的条件,但又不能受冻,贮藏温度不能低于冰点温度。根据近几年的冷库试验,温度在 0℃～3℃、空气相对湿度 95%条件下贮藏潍县萝卜效果最好。

1. 蒸腾作用对潍县萝卜贮藏的影响 潍县萝卜在贮藏中易出现失重现象。失重即"自然损耗",包括水分和干物质的损失,其中失水是主要的。失水主要是由于蒸腾作用所导致的组织水分散失;干物质消耗则是呼吸作用所导致的细胞内储藏物质的消耗。

随着蒸腾失水,细胞含水量减少,水分损失达一定程度会形成萎蔫。萎蔫加强细胞中有机物质的分解,破坏原生质的正常状态,改变细胞固有的酶作用所需的条件,因而改变了酶的状态,进一步加强了水解作用。组织中水解过程加强,积累了呼吸基质,又会进一步刺激呼吸作用。严重脱水时,甚至会破坏原生质的胶体结构,扰乱正常的新陈代谢,改变呼吸途径,产生并积累 NH_3 等分解物质,使细胞中毒。同时,萎蔫增强了细胞的呼吸作用,增加了营养物质的损失,降低了潍县萝卜的营养价值,并使其趋向衰老。由于原生质发生变化,细胞结构遭到破坏,使代谢作用日趋反常,因而削弱了对微生物的抵抗力,病菌容易侵入,腐烂程度加重。

2. 影响蒸腾作用的因素　为了防止潍县萝卜在贮藏过程中过度的蒸腾引起萎蔫,必须了解影响潍县萝卜水分蒸腾的因素,从而在贮藏操作管理中加以控制。

(1)自身因素　潍县萝卜收获时成熟度、角质层的结构和化学成分及细胞的保水能力等基本一致,影响蒸腾作用的因素主要是比表面积。比表面积一般是指单位重量(或体积)的器官所具有的表面积(厘米^2/克)。水分的蒸发是在表面进行,比表面积越大,相同重量的产品所具有的蒸腾面积就越大,而失水就越多。因此,在相同条件下,个小萝卜的比表面积要比个大萝卜的大,蒸腾作用强。

(2)贮藏环境　影响潍县萝卜水分蒸腾的决定因素是贮藏环境,主要有环境内的湿度、温度和空气流速。在相同的贮藏温度条件下,湿度越低,水蒸气的流动速度越快,组织的失水也越快。温度高,细胞液的黏度下降,水分子所受的束缚力减小,移动速度加快,因而容易自由移动,这些都有利于水分的蒸发。空气湿度越高,潍县萝卜蒸腾失水越慢。此外,温度不同,空气的饱和湿度也不同,因此湿度相同而温度不同的空气,其饱和差也是不同的,温度高的饱和差较大。空气的吸水力直接决定于饱和差而不是湿度,所以贮藏潍县萝卜在管理时不能只注意湿度而不管温度的高低。空气流速大,高湿空气不断被吹走,随之而来的是较干燥的空气,在一定的时间内,空气流速越快,潍县萝卜水分损失越大,所以,贮藏场所不宜通风过度。潍县萝卜贮藏期间进行适当的覆盖或包装,则是减轻蒸腾失水的有效措施。

3. 结露　在贮藏环境中,由于空气湿度相对较高,贮藏库内温度波动很容易造成结露现象。潍县萝卜用塑料薄膜袋密封贮藏时,袋内因潍县萝卜的呼吸和蒸腾,温湿度均高于袋外,薄膜正好是冷热的交界面,从而使薄膜的内壁有水珠凝结。潍县萝卜发生结露后表面潮湿，很容易使病菌侵染和迅速繁殖，病菌活动时所分泌的有毒物质也易借水透入细胞内，造成腐烂变质。因此，贮藏潍县萝卜时，堆码厚度不宜太厚，包装容器之间要有一定间隙，而且必须控制贮藏环境湿度不饱和、温度不波动，以免造成结露。

（三）休眠和春化

潍县萝卜没有生理休眠期，在贮藏中遇有适宜条件便萌芽抽薹，这样就使薄壁组织中的水分和养分向生长点转移，从而造成糠心。潍县萝卜的春化，主要是在外界环境条件的综合影响下进行的，通过春化阶段后，酶的活性提高，蒸腾作用强盛，呼吸强度加大，这些生理生化的变化不利于保鲜贮藏。因此，贮藏潍县萝卜时，应适当地调控环境条件，以延缓通过春化阶段。

（四）成熟和衰老

潍县萝卜收获后物质积累停止，已经积储的各种物质也被自身代谢消耗，其中所含的许多物质会在组织之间转移和再分配。贮藏中物质多从作为食用部分的营养储藏器官移向非食用的生长点，这其实是食用器官衰老的症状，并且同水解作用联系密切。潍县萝卜贮藏中物质转化、转移、分解和重组的结果均会引起潍县萝卜在风味、质地、营养价值、商品性以及耐贮藏性、抗病性等方面发生很大改变。

另外，潍县萝卜带叶收获后可进行假植贮藏，使潍县萝卜在贮藏中利用叶片中输送来的养分继续长大充实，这是对物质转移特性的一种特殊而巧妙地利用方式。

二、潍县萝卜贮藏技术

潍县萝卜一般在轻霜后(潍坊地区在立冬前后)收获,此时肉质根充分膨大、基部已"圆腚"、叶色转淡并开始变为黄绿色。贮藏的潍县萝卜必须及时采收,以免受冻后在贮藏中造成糠心。潍县萝卜贮藏保鲜的方法,主要有假植贮藏、沟藏和恒温库贮藏等,生产中要根据潍县萝卜的贮藏原理、生物学特性和采收后的变化规律,创造适宜的贮藏环境条件。主要是保持适宜而稳定的温度、湿度和气体条件,在一定程度上降低其生理代谢作用和抑制微生物的活动。因此,应掌握各种贮藏方式的基本特点,结合实际情况加以灵活运用。

(一)采后初处理

采收潍县萝卜时,可先将叶片去除,后将整个萝卜拔出;也可整株拔出后,随即拧去缨叶,并就地集成小堆,在上面覆盖一层萝卜叶片,防止失水及受冻。如窖温和气温尚高,可在窖旁及田间预贮,堆积在地面或浅坑中并覆盖一层薄土,待地面开始冻结时入窖。入窖时,要剔除受病虫危害及机械伤害的潍县萝卜。用于假植贮藏的潍县萝卜可带6～8厘米长的叶柄或几片芯叶。

(二)贮藏方法

1. 假植贮藏法 假植贮藏是将田间生长的潍县萝卜连根拔起,去掉大部分叶片,然后置于有保护设备的场所,使其处在假植的状态。潍县萝卜大多利用阳畦和苗床进行假植贮藏。假植时,将潍县萝卜紧密地竖放在深6～10厘米的南北走向的小沟里,再用土将根埋没。假植贮藏的潍县萝卜只假植一层,不能堆积,株行间还应留适当通风空隙,覆盖物一般与萝卜表面也有一定空隙,以便透入一些散射光。土壤干燥时还需淋几次水,以补充土壤水分的不足,同时还有助于降温。假植可使潍县萝卜既处在低温而又不受冻害的环境条件下,生长受到抑制,生理活动处在非常微弱的状态,消耗的物质很少,保持鲜嫩品质,推迟上市时间。为防止贮藏后期天气严寒受冻害,可在阳畦的北端设立风障,或用草苫等保温材料直接覆盖潍县萝卜。

2. 沟藏法 潍县萝卜沟藏法应用较多,是利用稳定的土壤温度和潮湿阴凉的环境,以减少潍县萝卜蒸腾作用,使其保持新鲜状态。潍县萝卜收获后,选择地势高、水位低而土质保水能力较强的地块,可东西向挖沟,将挖起的表土堆在沟的南侧,起遮阴作用。沟宽度、深度和长度要根据地区条件、贮藏数量而定。一般沟宽为80～100厘米、深为80～100厘米。为了掌握土温情况,可在贮藏沟中间设1个竹筒,内置温度计,以便及时掌握沟内温度。沟开好后,将潍县萝卜排靠在沟中,一层萝卜覆一层土,用土填充空隙,而后适量洒水,使窖内潍县萝卜的高度在60～80厘米(包括覆土厚度),最上一层潍县萝卜的上面,覆湿润细土8～10厘米;也可散堆贮藏,用湿沙层填充实,堆积厚度一般不超过50厘米,以免底层潍县萝卜伤热。贮藏期间必须掌握覆土的时间和厚度,根据天气的变化,分次进行,土层厚度以抵挡寒冷、不使潍县萝卜受冻为宜。天气冷时,再加厚盖土或加盖稻草,天暖时去除,以防底层潍县萝卜温度过高或表层潍县萝卜受冻。

3. 恒温库贮藏 恒温库贮藏潍县萝卜是近几年被大量应用的新型的贮藏方式,具有贮量大、管理方便等特点,管理得当潍县萝卜存放时间可达3～5个月,而且不失水、不糠心,脆甜适口。常见的恒温库都是由围护结构、制冷系统和控制系统三大部分构成。库内温度一般保持在0℃～3℃,空气相对湿度一般保持在95%左右。为保持库内较高的湿度,可在地面喷水,也可在地面挖水沟。恒温库贮藏时,可采用堆(垛)藏、塑料薄膜帐半封闭贮藏、塑料薄膜袋贮藏3种方法。

(1)堆(垛)藏 潍县萝卜在库内不宜堆得过高,一般为1.2~1.5米,否则堆内温度高,容易腐烂。若用湿沙土层积,效果会更好,也便于保温并积累二氧化碳,起到自发气调的作用。立春前后可视潍县萝卜的贮藏情况进行全面检查,发现病烂潍县萝卜应及时剔除。

(2)塑料薄膜帐半封闭贮藏 是在库内将潍县萝卜堆码成一定大小的长方形垛,用塑料薄膜帐罩上,垛底不铺薄膜,呈半封闭状态,可以降低氧气浓度、提高二氧化碳浓度,保持高湿状态,延长贮藏期。贮藏过程中,可定期揭帐通风换气,必要时进行检查。

(3)塑料袋包装保鲜贮藏 该法是潍坊市寒亭区农业局农技站2006年利用恒温库试验成功的一种贮藏方式。试验开始每个塑料薄膜袋装10个潍县萝卜,分别在不同温度条件下进行贮藏试验。结果发现:在$-0.5\,℃\sim0\,℃$时,潍县萝卜保鲜贮藏期可达7个月以上;在$0\,℃\sim1\,℃$,潍县萝卜保鲜贮藏期可达4个月;在$1\,℃\sim3\,℃$时,潍县萝卜保鲜贮藏期可达3个月。同时,试验得出了恒温库贮藏保鲜最佳空气相对湿度为94%~96%。由此,在潍县萝卜发展史上首次实验成功恒温保鲜贮藏法,开创了潍县萝卜贮藏方式的先河。所用塑料袋规格一般为长0.9米、直径0.6米,方法是潍县萝卜收获后留3~4个心叶,装入袋内,挽口或松扎袋口或袋上打孔,以利于袋内外气体适量交换。潍县萝卜用塑料薄膜袋贮藏在适宜低温下,其保鲜效果比较明显。目前此法应用较为普遍,其运输和包装等都较方便,贮藏效果非常理想。

三、潍县萝卜恒温贮藏保鲜技术

（一）恒温贮藏对环境条件的要求

1. 温度 初冬潍县萝卜收获后，堆放过程中很容易形成高温，原因有两方面：一是收获时潍县萝卜本身体温较高，热量的积聚形成了高温；二是外界的温度较高，在堆放过程中，呼吸作用旺盛，释放出的热量较多，热量的积聚也造成了高温。在高温条件下，潍县萝卜的呼吸作用旺盛，消耗营养多，导致潍县萝卜食用品质下降。因此，潍县萝卜采收后应低温存放，贮藏最佳温度为0℃～3℃。

2. 湿度 潍县萝卜恒温贮藏期间适宜的空气相对湿度为95%，湿度过大容易造成腐烂，湿度过小易造成失水糠心。

3. 通气 潍县萝卜贮藏中注意换气，尤其在保鲜袋中的潍县萝卜要按要求解口通气。

（二）恒温贮藏保鲜技术要点

1. 入库前精选 根据潍县萝卜分级标准进行分类筛选，将潍县萝卜分为一、二、三级分别堆放。

2. 保鲜袋包装 制作专用塑料薄膜袋，规格为长0.9米、直径0.6米。潍县萝卜收获后留3～5个心叶，装入袋内，根向里、叶向外，每袋装30个潍县萝卜，将袋口封住，放在阴凉处，用草苫覆盖。

3. 室内外预冷 先将恒温库内温度降至0℃～2℃，待外界气温降至0℃时，把装有潍县萝卜的塑料袋放入恒温库内。开始每

7～10天解开袋口通风4～6小时,1个月后每个月解口通风1次。

4. 温湿度控制 注意每天要观测、记录恒温库的温度和湿度,库内温度应保持在0.5℃～1℃,空气相对湿度保持在95%左右,湿度小了要向库壁喷水加湿。

第八章　潍县萝卜食用与加工技术

　　潍县萝卜具有很高的营养价值,含有丰富的碳水化合物和多种维生素,其中维生素 C 的含量比梨高 8～10 倍。潍县萝卜不含草酸,不仅不会与食物中的钙结合,反而更有利于钙的吸收。

　　潍县萝卜主要表现在生食价值,是潍坊不可取代的水果萝卜佳品。每逢冬春季节,潍坊当地一家人围坐火炉旁,生食潍县萝卜喝热茶作为一种嗜好和享受。每当新春佳节或亲朋远至,又常以潍县萝卜待客;走亲访友,也常作为礼品馈赠。近年来潍县萝卜远销北京、上海、广州、南京等大都市和日本、俄罗斯、新加坡等国家,在国内外享有较高声誉,深受广大消费者欢迎。潍县萝卜既可生食,也可炒食、腌渍、制干,还可药用。现就潍县萝卜的主要食用及食疗方法简单介绍如下。

一、潍县萝卜的食用及食疗方法

(一)食用方法

　　潍县萝卜是潍坊人冬天必备的家常蔬菜之一。对于这样一种蔬菜,在长期的食用过程中,人们积累了众多烹饪方法:生吃,凉拌,做成热菜、汤饮、主食,甚至还能做成药膳,并汇集了许多的民间传说,现简单介绍几种潍坊地区的食用方法。

　　1. 哑巴辣椒　哑巴辣椒是潍坊的特色小吃。其实,哑巴辣椒这道菜中,辣椒只是配角,唱主角的是萝卜中的极品——潍县萝卜。

哑巴辣椒说得通俗点就是辣椒炒潍县萝卜丝,主料还包括肉丝和粗粉条,辅料是植物油、精盐、大茴香、葱、姜、香菜。材料很寻常,关键是火候的把握。在炒之前,先将潍县萝卜丝在沸水中焯一下,使之不老不嫩恰到好处。热锅下油,葱丝、姜丝、干红辣椒丝煸香了,注意火候,轻了不出辣味,过了辣椒发黑发糊发苦。肉丝也得经热油炒,让肥油溢出,瘦肉发出金黄色时,将潍县萝卜丝、粉条下锅翻炒,最后放上香菜梗就可以出锅了。哑巴辣椒炒出来,有青有红有绿,色、形、味俱佳,清香微辣百食不厌。当然,辣的程度可以根据自己的喜好调节。

哑巴辣椒最大的好处是包容性强,人们可以根据自己的口味,加入不同的材料,做出自己的花样来。如今人们对这道菜衍生出很多做法:把疙瘩咸菜用水泡过切成丝加上一部分一起炒,口感更劲道;加入晒干的鱼子,做出来的哑巴辣椒更有弹性口感;当然还可以加入海蜇、虾米等辅料。

哑巴辣椒的传统食用方法是用饼卷了吃,这是从哑巴辣椒创始人——清朝末年的陈洪绪那儿一脉传承下来的。据老人们讲,老陈是个哑巴,家住老潍县城里南门大街,他的夫人擀得一手好饼。每当潍县城南门大街逢集,老陈早早准备好,挑着一副担子,一头是哑巴辣椒,一头挑着饼,他手摇着铜铃沿街叫卖,一边晃着一边呼喊:"啊巴!啊巴!"惹得孩子们成群结队地尾随观看,他高兴时,甩开左臂做"正步走"的滑稽样子,赶集的人在看热闹的同时,也来尝"饼卷辣椒"的美味。

寒冷的天气里,热饼卷哑巴辣椒,再来一碗热粥,吃起来很舒坦。萝卜具有顺气、清肺、除热,预防感冒的药效,辣椒也有祛湿、通风、防治关节炎的功效。因此,当时哑巴辣椒卖得火,并迅速蹿红了整个潍县城。当然,还有一个重要原因是价格便宜,适合普通老百姓消费。

哑巴老人早已经远去了,"哑巴辣椒"却一直深受人们喜爱,并不断传承和发展,成为潍坊的特色小吃。如今在潍坊,不论是怀旧的老潍县菜馆,还是高级的星级酒店,都可以品尝到"哑巴辣椒"清香的味道。

2. 潍县拌三生

(1)用料 潍县萝卜、尖辣椒、疙瘩咸菜、香菜、生抽、食盐、糖、米醋、花椒油、芝麻油。

(2)做法 ①疙瘩咸菜如果买的整块要先切丝,在水里泡至咸味变得很淡,需要4~5小时。②将泡好的疙瘩丝控水,潍县萝卜和尖椒洗净切丝,香菜切段。③加入所有调料拌匀,芝麻油要多放,醋和糖一点就好。

3. 凉拌萝卜丝

(1)用料 潍县萝卜丝、精盐、鸡精、香油、味极鲜。

(2)做法 潍县萝卜洗净。去皮(不去也可),切丝装入盘中,加入适量精盐、鸡精、香油、味极鲜拌匀。

此菜味道鲜嫩可口,吃不出潍县萝卜辣味。

4. 三色糖醋萝卜

(1)用料 潍县萝卜200克、白萝卜200克、胡萝卜适量、冰糖200克、白醋150克、清水200毫升、盐适量、炒熟的黑芝麻和白芝麻少许。

(2)做法 ①潍县萝卜洗净去皮,用模具切出叶子形状,厚度约1厘米;胡萝卜用小花模具切出花朵状,厚度约1厘米;白萝卜去皮切1厘米厚大片,从中间对半切开。②将三色萝卜放入大碗中,加适量盐腌制2小时以上,倒掉水分再用清水冲洗干净并沥干。③清水中加200克冰糖,大火烧沸转小火煮30分钟后关火放凉备用。④在放凉的糖水中倒入150克白醋(可以自行掌握)搅拌均匀。⑤倒入沥干水分的萝卜拌匀,装入密封的容器中腌制2天即可。⑥腌制好的萝卜装入盘中撒少许黑芝麻、白芝麻点缀一下。此菜味道酸甜,清脆可口。

5. 潍县萝卜羊肉汤

(1)用料　潍县萝卜300克、羊瘦肉500克、豌豆100克、香菜15克、姜10克、草果5克、胡椒2克、精盐8克、醋15克。

(2)做法　①羊肉洗净,切成2厘米见方的小块;豌豆精选后淘洗净;潍县萝卜切3厘米见方的小块;香菜洗净,切段。②将草果、羊肉、豌豆、生姜放入锅内,加水适量,大火烧沸,再文火熬1小时。③放入潍县萝卜块煮沸,最后放入香菜、胡椒、精盐,装碗即成。加醋少许食用。

羊肉性温热,吃多了易上火,萝卜是寒凉性的,两者同食,正好平衡,而且萝卜能起到去膻味的作用;此汤温胃消食,适用于脘腹冷痛、食滞胃脘、消化不良等症。

6. 潍县萝卜牛肚煲

(1)用料　潍县萝卜250克、牛肚100克、陈皮5克、姜5克、胡椒2克、精盐3克、味精1克、植物油15克。

(2)做法　将潍县萝卜洗净,切块;陈皮、生姜洗净,捣烂;胡椒打碎,用纱布包住;牛肚洗净,切块;起油锅,放入生姜、牛肚,炒片刻铲起,放入瓦锅内,再放入潍县萝卜、陈皮、胡椒、精盐,加清水适量,文火焖3小时,至牛肚熟烂、汤水将干为度,放入味精,调味即可。

此菜牛肚熟烂,口味鲜咸。

7. 潍县萝卜烧肉

(1)用料　潍县萝卜300克、猪五花肉400克、猪油50克、酱油50克、料酒25克、水淀粉25克、味精、胡椒粉各适量,葱、姜、青蒜各少许,精盐适量,高汤500克。

(2)做法　①猪五花肉去皮洗净,用刀切成适当的长方形肉块;潍县萝卜洗净,切成斜角块;青蒜切段,香葱切丝,姜切片。②

127

锅上旺火,放入猪油烧热,放入姜片、料酒,稍炸,投入猪肉,炒至半熟,加入高汤 500 克,烧煮 5 分钟;放入潍县萝卜,并加入酱油、葱段、青蒜、精盐,移至文火上烧 10 分钟;烧透后改成旺火烧 2 分钟,加入味精,用水淀粉勾薄芡,淋上熟猪油,盛入盘内,撒上胡椒粉即成。

此菜清鲜适口,营养丰富。

8. 潍县萝卜排骨汤

(1)用料　潍县萝卜 500 克,猪排骨 250 克,猪油 25 克,精盐、料酒、味精适量,葱白 5 克,生姜 2.5 克,清水 600 克。

(2)做法　①排骨用清水洗净,用刀剁成宽 3 厘米、长 5 厘米的小块;潍县萝卜去尾,去皮,洗净,切成滚刀块待用。②锅上旺火,下猪油,烧热,放入排骨炸 10 分钟,炸至排骨灰白色、水分近干时,放精盐、生姜,转入砂罐,一次放足清水,加入潍县萝卜块,用文火煨 2 小时,加入味精、葱白。将砂罐移在小火上,继续煨 30 分钟即成。

潍县萝卜能起到解腻的作用,此汤清香爽口,营养丰富。

9. 潍县萝卜丝海米汤

(1)用料　潍县萝卜丝 100 克,海米 10 克,熟猪油 15 克,精盐适量,料酒、味精、大葱各少许。

(2)做法　①潍县萝卜洗净,切成丝。②锅上旺火,放入少许熟猪油,用大葱炝锅,加入少许料酒和适量的汤,放入潍县萝卜丝和海米,用旺火烧;潍县萝卜丝烧熟后,撇去浮沫,加入少许味精、盐、熟猪油即成。

此菜清淡爽口,味鲜质嫩。

10. 海虾萝卜丝汤

(1)用料　鲜海虾 200 克,潍县萝卜丝 50 克,熟猪油 15 克,精盐适量,料酒、味精、大葱各少许。

(2)做法　①鲜海虾洗净,潍县萝卜洗净,切成丝。②锅上旺火,放入少许熟猪油,用大葱炝锅,加入少许料酒和适量的汤,放入海虾烧沸锅使海虾皮色变黄后加潍县萝卜丝,用旺火烧;潍县萝卜丝烧熟后,撇去浮沫,加入味精、盐即成。

此菜清淡爽口,味鲜质嫩。

11. 潍县萝卜肉丸子

(1)用料 潍县萝卜250克,葱白、精盐、白胡椒粉、植物油各适量,面粉250克,猪油渣、虾干、冬菇、瘦肉适量。

(2)做法 将潍县萝卜去皮刨成丝,用少许盐抓匀后腌一会儿,沥干水分;把猪油渣、虾干、冬菇和瘦肉剁碎后,在锅中稍炒香;将所有的材料拌匀后调味撒些白胡椒粉,最后加入生粉拌匀,用手捏成丸子状;隔水清蒸或用油炸熟均可。

清蒸的潍县萝卜丸子,清甜;油炸萝卜丸子,吃起来香口,是很好的下酒菜。用油炸萝卜丸子炖汤,味道也很好。

12. 潍县萝卜素丸子

(1)用料 潍县萝卜450克、鸡蛋1个(40克)、姜20克、花椒面3克、精盐6克、面粉150克。

(2)做法 ①潍县萝卜洗净,姜带皮剁成末,花椒炒熟磨成粉状。②用擦子将潍县萝卜擦成丝,然后用刀剁一剁,不要太碎。秋天的潍县萝卜水分充足,需攥一攥水分;将所有配料倒入盆里。③准备炸的时候,再将所有配料搅拌均匀(时间长了会出水),到萝卜配料可以成团即可。④油锅烧至六成热,下入丸子,中火慢炸至表面金黄即可。

潍县萝卜素丸子,是潍坊的一道名吃。突出了潍县萝卜清香的味道,甚是可口。

13. 酱潍县萝卜片

(1)用料 潍县萝卜若干,精盐、酱油、花椒、大茴香、干红辣椒、糖、白酒适量。

(2)做法 ①将潍县萝卜洗净切片,加精盐腌制1天后,放在通风处晾成半干状。②锅里加酱油、花椒、大茴香、干红辣椒、糖、白酒少许熬沸后放凉。③把晾好的潍县萝卜片放入酱汁里,腌1周即可。

此菜口感鲜咸,清脆可口。尤其是早餐,喝点粥,配上脆爽可口的酱潍县萝卜片,真是一种享受。

14. 潍县萝卜丝拌白菜

(1)用料　潍县萝卜200克、大白菜500克、大葱5克、精盐3克、味精2克、酱油5克、醋5克、辣椒油适量。

(2)做法　将大白菜、潍县萝卜和大葱洗干净切成丝,把醋、酱油、味精、精盐、辣椒油一同装盘拌匀即可。

此菜味道清香可口。

15. 虾油潍县萝卜

(1)用料　潍县萝卜300克,大葱、红辣椒适量,虾油1小匙,胡椒粉适量,香醋1小匙,白糖1小匙,精盐1小匙,味精1.5克。

(2)做法　①将潍县萝卜洗净切丝,加入1小匙精盐拌匀,腌制5分钟后用清水洗净挤干水分。②将红辣椒去籽洗净,切成细丝,大葱切丝。③锅内加入1汤勺虾油烧热,放入葱丝和红椒丝爆香关火。④把潍县萝卜丝放入锅内,加精盐、白糖、味精、胡椒粉拌匀即可。

此菜清淡脆爽,风味独特。

16. 大地丰收

(1)用料　潍县萝卜300克,生菜150克,洋葱150克,大葱150克,黄瓜150克,甜面酱100克,味精3克,香油10克,白砂糖5克。

(2)做法　①各种蔬菜冲洗干净,控净水。②大葱去掉皮,削去两头切成段;潍县萝卜、黄瓜切成6厘米长的条。③以上蔬菜分类摆于大圆盘或小竹筐内;甜面酱加味精、少许糖和香油搅匀,同蔬菜盘一起上桌。

此菜清脆爽口,佐酱食更有味道。

(二)食疗方法

潍县萝卜不仅是人们喜爱的大众蔬菜,食用水果萝卜中的精品,并且含有多种药用成分,几乎具有其他类型萝卜的所有保健功效。

1. 保健功效

(1)消化方面　食积腹胀,消化不良,胃纳欠佳,可以生捣汁饮用;恶心呕吐,泛吐酸水,慢性痢疾,可切碎蜜煎细细嚼咽;便秘,可以煮食;口腔溃疡,可以捣汁漱口。

(2)呼吸方面　咳嗽咳痰,最好切碎蜜煎细细嚼咽;咽喉炎,扁桃体炎,声音嘶哑、失音,可以捣汁与姜汁同服;鼻出血,可以生捣汁与酒少许热服,也可以捣汁滴鼻;咯血,与羊肉、鲫鱼同煮熟食;预防感冒,可煮食。

(3)泌尿系统方面　泌尿系结石,排尿不畅,可切片蜜炙口服;各种水肿,可与浮小麦煎汤服用。

(4)其他方面　潍县萝卜生吃可促进消化,还有很强的消炎作用;其辛辣成分可促胃液分泌,调整胃肠功能;潍县萝卜煮熟食用可美容,通利关节;煎汤外洗可治脚气病;用潍县萝卜叶煎汤饮汁,还可用于解毒、解酒或煤气中毒。

由此可见,潍县萝卜既是时蔬,也是良药,如人们所说"潍县萝卜赛人参"。潍县萝卜不适合脾胃虚弱者食用,大便稀者,应减少使用。另外,注意在服用参类滋补药时忌食本品,以免影响疗效。

2. 具体食疗方法

(1)治疗上呼吸道感染　①潍县萝卜1个,生姜1块,葱几根,捣烂,炒熟后用酒烹调,青布包裹后,微烫痛部,温度下降后再换。用于治疗小儿流感咳嗽、气喘胸闷,贴敷在前胸或后背。②白菜心

250克,潍县萝卜60克,水煎,加红糖适量,吃菜饮汤,数次即可见效。

(2)治疗咳嗽 ①潍县萝卜1个,切成5毫米见方的小块,白胡椒5粒,老姜3片(厚2～3毫米),陈皮适量,加水2杯,水煎饮用。治疗多痰咳嗽。②潍县萝卜煎汤内服,也可食生潍县萝卜。用于治疗嗓子发干、发痒、咳痰不爽。③潍县萝卜1个,杏仁9克,冰糖12克,将萝卜切片,杏仁捣碎,同冰糖蒸熟,每天1次热服。治咳嗽。

(3)治疗支气管炎、哮喘 ①潍县萝卜汁1杯,饴糖9克,炖温服,治疗慢性支气管炎。②潍县萝卜用蜜制成蜜烤萝卜干,对湿热性尿路结石和肺热型慢性支气管炎患者有效。③潍县萝卜500克,蜂蜜60克,将潍县萝卜洗净削去皮,挖空萝卜中心,装入蜂蜜,用碗盛载,隔水蒸熟服食。具有润肺、止咳、化痰之功效,适用于慢性支气管炎、咳嗽、肺结核之咽干、痰中带血等症。④潍县萝卜汁300克,加蜂蜜30克,温开水冲服,每日3次,每次100克。可用于治疗哮喘。

(4)治疗恶心呕吐 ①潍县萝卜1个,洗净,切丝,捣烂如泥,用蜂蜜50克,拌食,分2次吃完。治反胃呕吐、恶心。②潍县萝卜切丁,水焯后捞出滤干,晾晒,在蜂蜜中煮沸调匀,制成蜜饯萝卜。可宽中消食、理气化痰,适用于消化不良、腹胀、反胃、呕吐等症。

(5)治疗高血压 将潍县萝卜洗净,切碎捣烂,挤汁入碗中,每日服2次,每次服1小酒杯,时常服用,有降血压功能。

(6)治疗胃痛 潍县萝卜捣汁,每日早晨饮汁3杯,每次饭后饮1小杯。

(7)治疗糖尿病 潍县萝卜5个,煮熟后绞榨取汁,加粳米150克煮粥,对治疗糖尿病有一定辅助疗效。

(8)预防乙型脑炎 常吃生潍县萝卜,可预防乙型脑炎、口舌生疮。

(9)治疗皮肤裂口　鲜潍县萝卜1个,横切,在切面挖洞,装入麻油,将其加温,使油发烫,然后用油擦裂口处。

二、潍县萝卜的腌制加工

(一)腌制品的分类

根据腌制萝卜的主要工艺特点和成品含酸量、含盐量等的高低,将其产品分为以下几类。

1. 腌菜类　潍县萝卜腌制时,食盐用量较高,间或加入香料,乳酸发酵轻微。由于盐分高,成品通常感觉不出酸味。

2. 酱菜类　潍县萝卜原料盐渍后,再用咸酱(豆酱)、甜酱(面酱)或酱油酱渍而成。

3. 酸菜类　将潍县萝卜放入预先调制好的低浓度盐水中腌制,间或加入香料,经典型的乳酸发酵而成,成品酸味较浓。

4. 醋渍类　潍县萝卜先经乳酸发酵,再用醋渍。酸成分主要是醋酸。醋渍时只用醋酸的为酸味醋渍品;醋渍时加用糖醋香液的为甜味醋渍品。

(二)腌制品的加工方法

1. 咸潍县萝卜

(1)工艺流程

原料选择→去须根、去顶→洗净→初腌→翻缸→复腌→封口

(2)制作技术要点　①腌制期以每年秋、春、冬3个季节最为适宜。②挑选新鲜潍县萝卜,削去须根和叶,洗干净晾去水分,经

过整理后即可进行腌制。③腌制。腌制分初腌和复腌两步进行。初腌时,每100千克鲜潍县萝卜加盐8千克,分层腌制,每层10~12厘米厚,先浇上一点盐水,再均匀地撒上一层盐,上面压上石块。24小时后翻1次缸,48小时后捞到竹箩中用石块压去水分,进行复腌。复腌时,每100千克潍县萝卜加盐10千克,腌制方法同初腌。复腌36小时后捞出萝卜,沥干水分,倒入另一个缸中压紧,上放竹片,压上石块,再加入溶化好的盐卤浸泡。盐卤应淹过萝卜6~10厘米,30天后即可食用。④将腌制好的潍县萝卜再用虾油浸泡就是虾油潍县萝卜,口感清脆爽口。

2. 腌潍县萝卜丝

(1)工艺流程

原料选择→去顶、去须根→洗净→晾干→切丝→调料→入坛盐腌→后熟→成品

(2)制作技术要点

①原料处理 潍县萝卜去顶、去须根,洗净,晾干表面水分,然后切成细丝。

②调料 将辣椒面用温水浸泡一下,沥去水分。将蒜、姜一起捣成泥,再同辣椒面、食盐搅拌混合,制成调料。

③入坛盐腌 以潍县萝卜丝5千克、大蒜180克、食盐250克、辣椒面250克和姜50克的比例将调料与潍县萝卜丝均匀搅拌,移入坛中,压上石头等重物。

④后熟 潍县萝卜丝腌制7天后成半透明状,底部有卤汁渗出时,即可食用。

3. 腌潍县萝卜条

(1)工艺流程

原料选择→洗净→切条→摊晒→加盐拌揉→翻缸、腌制→晾晒→成品

（2）制作技术要点

①原料处理　将潍县萝卜清洗,削去头、尾后,切成1厘米见方的条状。置日光下晾晒3～4天,至潍县萝卜含水量下降至30％时,入缸腌制。

②加盐拌揉　每100千克萝卜条加盐8千克,添加适量苯甲酸钠,细心拌揉,使盐溶化,再入缸,并层层码实、按紧。

③腌制、翻缸　入缸后第二天必须翻缸2次,以后每天翻缸1次,即将其翻入另一口干净缸内。翻缸的目的,一是为了释放腌制时产生的热气,同时也是为了让咸味一致。

④晾晒　翻缸后,再腌制2周即可将潍县萝卜条取出来,在阳光下晾晒至含水量约为20％即成。

4. 麻辣五香潍县萝卜干

（1）工艺流程

原料选择→洗净→切条→腌渍→调味→成品

（2）制作技术要点

①原料处理　将潍县萝卜洗净,切成1厘米厚的条,风干脱水,每50千克鲜潍县萝卜风干后为10～11千克萝卜干。

②腌渍与调味　按鲜潍县萝卜250千克用精盐8千克、花椒250克、辣椒面1.25～1.5千克、红糖2.5千克、植物油1千克、芝麻1千克的比例准备辅料。腌渍时,每50千克潍县萝卜干用盐约5千克,腌时分层撒盐,层次压紧,腌渍2～3天时翻动1次,加盐1千克,再腌3天。将红糖炒为酱色,油煎熟,与花椒面、辣椒面、芝麻(炒脆)拌入潍县萝卜干即可。

5. 糖醋潍县萝卜干

（1）工艺流程

原料选择→去顶、去须根、去尾→入缸腌制→切片→脱盐→晒干→入坛→糖醋→成品

（2）制作技术要点

①原料处理 选用新鲜潍县萝卜，切顶部、须根和尾部，洗净晾干，纵切成两半。

②入缸腌制 将潍县萝卜逐层装入缸中，均匀地撒上食盐，底层少撒，上层多撒。满缸后，盖上竹篦盖，上压石块。每100千克原料用盐8千克。2～3天后，每天翻缸2次，助盐溶化。每100千克鲜潍县萝卜可腌成80千克咸坯。如咸萝卜不能及时加工或需长期贮藏，应将潍县萝卜晒去55%～65%的水分。

③切片 将腌好的萝卜切成0.4～0.6厘米厚的薄片，清水浸泡3～6小时，中间换水2次，以脱去部分盐分。然后装包压榨，榨出相当于浸泡后萝卜片重量40%的水分。将压榨后的萝卜片铺在晒席上，晾晒约3天，每天翻动2～3次。每5千克压榨后的潍县萝卜可晒成500克潍县萝卜干。

④糖醋 潍县萝卜片晒干后装入坛中，灌注糖醋液。其用量为每100千克干萝卜片用醋3千克、白糖6千克，煮沸片刻，冷却至40℃，灌入坛中，密封坛口，7天后即为成品。也可按咸萝卜4千克加用白糖1千克、酱油600克、醋600克、鲜姜丝60克的比例进行糖醋腌渍。

（3）其他方法 还可以用下面方法简单制作糖醋潍县萝卜干。

①原料 潍县萝卜35千克，盐640克，糖1千克，醋1千克。

②做法 潍县萝卜洗净，切成四瓣，放盐码上，35千克潍县萝卜总共腌6盆，腌1夜。第二天将潍县萝卜干用线串起，在太阳下晒。晚上再放回有盐水的盆中，第三天再晒，如此反复4～5天，脱去大量水分，萝卜皮上晒出不少褶子就可以了。将1千克白糖和1千克香醋倒入坛子里，然后放入潍县萝卜干，隔日搅拌一下，让汁水充分浸泡潍县萝卜干，15天即成。

6. 五香潍县萝卜干

(1)工艺流程

原料选择→洗净→切丝→晾晒→腌制→装坛→晾晒→配料调味→装坛封口→成品

(2)制作技术要点

①原料处理 将潍县萝卜洗净切丝,摊放在芦席上晾晒4～5天,待萝卜柔软干燥即可进行腌制。

②腌制、装坛 以每100千克萝卜丝加食盐10千克的比例进行腌制,用力揉搓后装坛封口,腌制10天左右。

③拌料调味 取出萝卜丝,摊在芦席上晾晒1天,然后拌入五香粉1千克,装坛压实封口,30天后即可食用。

7. 糖辣潍县萝卜干

(1)工艺流程

原料选择→洗净→晾干→切条→腌制→配料调味→成品

(2)制作技术要点

①原料处理 将潍县萝卜洗净,晾干水分,切成长8厘米、宽0.5厘米的条。

②腌制 放入容器内,5千克萝卜加入精盐500克拌匀腌渍1周,为了散热和散发萝卜气味,每天要翻动2次。

③配料调味 取出萝卜条用清水清洗几次,捞起挤干水分,加入白糖600克、辣椒面150克拌匀,最后重新放入容器里并多次翻动,2天后即可食用。

8. 酸辣潍县萝卜干

(1)工艺流程

原料选择→洗净→晾干→切条→加料腌制→成品

(2)制作技术要点

①原料处理 将潍县萝卜削去须根洗净,切成长5厘米、宽1厘米的条,晾晒至八成干。

②加料腌制　每 5 千克潍县萝卜加入精盐 200 克、白醋 500 克、白糖 150 克、辣椒面 50 克、白酒 25 克、花椒面 15 克、大茴香 2 枚(制成面)揉匀,随后淋上白酒并放入倒扑坛内,用水密封坛口,2 周后即可食用。

倒扑坛为一种民间陶制容器,腹大口小,专门用于腌制干咸菜、萝卜干等腌制品。使用时,将原料装入坛内,再塞上干净稻草,并用竹条卡住坛口,以防原料掉出来,然后把坛口向下,倒扑在盛满水的瓦盆中,以期隔绝空气,所以这种专用器物被称为倒扑坛。

三、潍县萝卜的干制加工

潍县萝卜干制品是指采用加热、晾晒等方法脱去原料中大部分水分,而制得的具有萝卜风味的制品。

(一)干制方式

潍县萝卜干制方式可分为自然干制和人工干制 2 种。

1. 自然干制　自然干制即指利用太阳能、自然热风进行的干燥方法。直接利用太阳能进行干制的,称为晒制或日光干制;在通风良好的室内或凉棚下利用热风进行干制的,称为阴干或晾干。自然干制所需设备和管理较为简便,成本较低,但所需时间长,并要求一定的气候条件。小批量的自然干制,一般是将原料直接铺放在空地、凉台或芦席、竹帘、衬垫上。大规模晾晒需要晒场,最好用水泥铺面,以保持潍县萝卜的清洁。晒制工具为芦席、竹帘、竹匾、晒盘及翻动用的手耙等。另外,还需要清洁、去皮、切分、热烫等用具。

整个干制过程要注意防雨和防鸟兽糟蹋,并注意卫生,经常翻动原料,以加速干燥过程。当原料水分大部分蒸发后,应做短时间堆积,使之回软,让其内部水分向外转移,然后再晒。彻底干燥后,装入塑料袋内,密封后即可贮藏。

2. 人工干制 人工干制不受季节和气候的限制,可以人为地控制干燥条件,因而干燥速度快、效率高、制品质量好。但人工干制需要一定的设备,操作技术也较复杂,成本较高。人工干制所用的设备有各种类型,其形状、规模和构造也都各不相同,常见的有烘灶、烤房、干制机等。

(二)干制品的加工方法

1. 潍县萝卜脆 潍县萝卜脆以新鲜潍县萝卜为原料,采用双透双渗、极限真空低温脱水工艺制作而成,该工艺最大限度地保留了潍县萝卜中的主要营养成分,保持了新鲜潍县萝卜原有的色泽、风味。是 21 世纪新兴的一种天然高档休闲食品,同时也是符合国际食品发展方向的天然健康食品。潍县萝卜脆 400 多项指标通过美国"FDA"的检测,已销往美国市场。

潍县萝卜脆包装规格有袋装和罐装,罐装又分纸塑、塑料等多种包装类型,口味有原味、牛肉味、番茄味、芥辣味、三文鱼味等,为非膨化、非油炸、脱水健康食品。高倍浓缩了潍县萝卜的营养精华,避免了潍县萝卜常温下易失水糠心,送礼携带不便,不能四季供应等条件的制约。

产品特点:①高倍浓缩。精选新鲜潍县萝卜为原料,1 千克萝卜脆相当于 18 千克新鲜潍县萝卜。②安全营养。非油炸、无防腐剂、无胆固醇、无人造色素、低脂肪、低热量、高纤维。③健康自然,养生保健,美味可口,老少皆宜。

2. 脱水潍县萝卜丝

(1)工艺流程

原料选择→整理→刨丝→晾晒→装坛→暴晒→包装→成品

(2)制作技术要点

①原料选择　脱水潍县萝卜丝一般在 10 月份至翌年 2 月份加工,这一时期的潍县萝卜含水量低,糖分多,品质好。

②整理、刨丝　削去潍县萝卜叶丛,清洗萝卜,去除泥沙等脏物,晾干。把潍县萝卜切成或刨成 0.3～0.4 厘米粗细的丝,长度一般在 10～15 厘米。

③晾晒　将潍县萝卜丝铺薄、铺匀晾晒。最好放置在迎风的地方晾晒,靠风吹干萝卜丝。在太阳下暴晒而成的萝卜丝容易断碎,颜色发褐,口味差。风力大时,晾晒 1～2 天即可使潍县萝卜丝含水量下降至 7%～8%。

④装坛　将晾晒后的萝卜丝分层放入坛内,装坛时要逐层捣实,装满后把坛口封严。密封 2～3 天后,潍县萝卜丝就会发出甜香气味。

⑤暴晒　将潍县萝卜丝从坛内取出,放在日光下暴晒 3～4 小时后,萝卜丝表面的汁液被晒干,即可包装。

⑥包装　先在木箱底放上比箱稍大的塑料薄膜袋,再把萝卜丝装满,压紧,封好袋口,最后钉上箱盖。干潍县萝卜丝也可用陶土坛包装,装满压实,封严坛盖。

3. 脱水潍县萝卜叶

(1)工艺流程

原料选择→洗净→切段→烫漂→压榨→加料调味→渍贮→脱水→包装

(2)制作技术要点

①原料选择与处理　选用无病虫害、无黄斑的新鲜潍县萝卜叶,用流动水清洗干净。清洗时,必须将原料浸没于水中,洗净泥

沙、草屑等杂物。

②切段、烫漂 切去潍县萝卜叶柄,将叶片切成 10 厘米的段。在 0.17%小苏打与 3%食盐的混合溶液中烫漂,水温为 95℃～100℃,烫漂 1～1.5 分钟。烫漂后,迅速将叶片温度冷却至 10℃以下。

③压榨、调味 萝卜叶片冷却后放入压榨机内进行压榨,榨至烫漂前半成品重量的 40%。1 千克压榨后的萝卜叶加 170 克食盐和 80 克白糖,揉制约 30 分钟使之均匀,装入塑料袋内,排气封口。

④渍贮 调制好的萝卜叶放入 0℃～5℃的库房内渍贮,时间为 3～7 天,使食盐渗透平衡。

⑤脱水干燥 采用热风干燥。第一次干燥温度为 70℃,每隔 20 分钟翻料 1 次,同时搓散结团的萝卜叶片。烘 1 小时后,把温度调至 65℃,再烘制 2 小时左右,烘至基本干燥。把萝卜叶装入塑料袋,扎口令其水分平衡。2 小时后,进行第二次干燥,干燥温度 50℃,每隔 30 分钟左右翻 1 次料,烘 2.5 小时左右。烘干后,把萝卜叶装入塑料袋密封贮存。

潍坊当地有食用潍县萝卜苗的习惯,也可以用此方法进行烘干,然后把潍县萝卜苗装入塑料袋密封贮存,风味不会改变。

参考文献

［1］ 何启伟,等．山东名产蔬菜［M］．济南：山东科学技术出版社,1990．

［2］ 何启伟．十字花科蔬菜优势育种［M］．北京：中国农业出版社,1993．

［3］ 汪隆植,何启伟．中国萝卜［M］．北京：科学技术文献出版社,2005．

［4］ 华中农业大学．蔬菜贮藏加工学［M］．3 版．北京：中国农业出版社,1995．

［5］ 张舒．新编农药施用手册［M］．武汉：武汉理工大学出版社,2010．